AF317446

DÉPÔT LÉGAL
OISE
N° 64e
1928

L'Avenir d'une Exploitation en Vermandois

A°S
3621

Pierre MEAUME

Ingénieur d'Agriculture I. A. B.

Lauréat de la Société des Agriculteurs de France

L'Avenir d'une Exploitation en Vermandois

LE DOMAINE DE BROCOURT

Commencé le 6 Octobre 1927

Terminé par ses Amis

THÈSE AGRICOLE

Pierre MEAUME, né à Paris, le 11 juin 1906, fit ses premières études au lycée Janson de Sailly et les poursuivit à Lacordaire, pour y préparer les deux parties du baccalauréat Latin-Sciences-Philosophie, qu'il passa avec succès.

L'amour de la mer et son caractère entreprenant l'avaient poussé à préparer « Navale », mais ne voulant pas s'éloigner de sa famille, il préféra embrasser la carrière agricole.

Entré à Beauvais en octobre 1924, il se fit immédiatement remarquer par son intelligence et son esprit original, vif et décidé. Jamais, dans tout ce qu'il entreprenait, on ne le voyait s'attarder à des banalités ; dans toutes questions, il ne recherchait que les points dignes d'intérêt, et travailleur acharné, il les épuisait à fond. Ses études agricoles furent toujours marquées de ce sceau très personnel.

Sorti troisième de l'I. A. B., il passa ensuite brillamment son examen de Préparation Militaire Supérieure, qui lui valut son entrée à Saint-Cyr. Là comme à Beauvais, sa très grande personnalité jaillissait, et son allant lui attira de la part de ses instructeurs la plus grande estime. L'ardeur avec laquelle il se dépensait devait bientôt donner plus de prise à la maladie qui le guettait, et notre infortuné ami, à la suite d'une rechute de grippe qui dégénéra en pneumonie, rendit à Dieu sa belle âme franche et loyale, le jeudi 23 février 1928.

Partout où il passa, Pierre MEAUME sut se faire apprécier, et ce qui est plus, aimer. Il s'attira de solides amitiés, profondes et durables, que son grand cœur savait si bien rendre ; ceux qui l'ont connu regretteront toujours ce fidèle et sincère Ami.

INTRODUCTION

———— ✳ ————

Dans les riches plaines du Nord de la France, le bétail a occupé une place très variable depuis un demi siècle. De ces excellentes terres de culture on n'a cherché qu'à tirer le maximum de blé et de plantes industrielles. La production animale était l'apanage de régions favorisées par des conditions naturelles différentes.

On cherchait par tous les moyens possibles à se passer du bétail. Dans le dernier quart du XIX° siècle, quand les engrais chimiques se propagèrent, en même temps d'ailleurs qu'une notable extension de la culture betteravière, les agriculteurs les plus avancés pensèrent avoir trouvé la solution du problème : spécialisation culturale plus accentuée, production des céréales et de plantes industrielles sans bétail, de rente tout au moins.

Mais la disparition de l'humus, le développement de plantes adventices dans les cultures répétées de céréales montrèrent le défaut de la méthode.

La sidération se répandit alors rapidement pour corriger ces deux défauts : Les légumineuses apportent l'azote organique et leur végétation étouffent les mauvaises herbes.

1

Mais cette méthode n'est pas économique et en considérant notamment l'accroissement de la consommation des produits animaux et l'élévation de leurs cours, on a intérêt à faire consommer les légumineuses au lieu de les enfouir, produire de la viande, du lait, etc....., et du fumier. La méthode n'a de valeur que dans les terres économiquement inaccessibles au chariot de fumier.

D'autre part la production de fumier des villes diminue beaucoup avec le développement de l'automobilisme, et la cherté des transports aidant encore, le nombre des fermes qui peuvent acheter du fumier à la ville est très restreint.

Enfin, avec l'apparition du labourage à vapeur, puis des tracteurs, on a cru pouvoir se passer complètement du bétail.

Mais les grandes fermes de culture sans bétail sont l'exception. Pour produire en abondance des céréales et des betteraves, il faut en abondance, disposer de moteurs, au sens large du mot, et d'azote organique. Le second facteur est reconnu indispensable à l'unanimité. Le premier l'est moins ; il faut cependant constater que de plus en plus les agriculteurs discernent les conclusions à tirer d'une expérience imposée par la guerre. Le manque de main-d'œuvre ne permet souvent pas de travailler le sol autant qu'il le faudrait. Même après la remise en état de notre sol, même avec l'usage d'engrais de plus en plus abondant, on ne constate pas une amélioration vraiment sensible de rendement.

Mais on constate que certains cultivateurs qui travaillent constamment leur sol par des façons répétées et judicieuses obtiennent de bien meilleurs rendements, même avec des quantités d'engrais simplement normales. (1).

(1) A ce sujet, l'un des meilleurs exemples est celui fourni par M. Lafite, exploitant la ferme des Anglais, près Reims (Voir Journal d'Agriculture Pratique du 1er Octobre 1927, page 275).

De là le succès des déchaumages hâtifs, des binages de céréales et même de légumineuses (1).

En somme « avant tout, il faut cultiver la terre, la travailler, la bien travailler. Les fermes françaises où l'on obtient les rendements les plus élevés quelle que soit du reste la région où elles se trouvent sont celles, où, comparativement à celles qui les entourent, on emploie le plus de personnel, tout en étant le mieux outillées au point de vue machines. Nous pourrions ajouter encore, que ce sont celles en même temps où l'on emploie le plus de fumier et beaucoup d'engrais » (2).

Et quand d'autre part, M. Voitelier (3) dit que : « Les fermes les plus productives en blé sont celles où il y a pour chaque hectare cultivé, un poids d'animaux vivants très élevé », il ne fait qu'énoncer un corollaire de la citation précédente, en admettant que pour travailler la terre et employer du fumier, il n'y a rien de tel que d'avoir du bétail. Les hauts rendements sans bétail ne peuvent exister que sous certaines conditions très strictes : avoir de nombreuses machines, matériel de labourage électrique ou à vapeur, tracteurs, acheter au dehors de l'azote organique sous forme de fumier ou plus souvent de gadoues. Mais les circonstances économiques favorables à un tel système de culture sont de plus en plus rares et le nombre des exploitations basées sur ce système est limité. On en trouve les plus nombreux exemples, et ce sont toujours de grands domaines, dans le Soissonnais et autour des lignes de chemin de fer dans les plaines avoisinantes.

L'extension de cette méthode qui a eu beaucoup de

(1) Méthode employée avec succès chez M. Lafite précité, et MM. Boullenger, à Moyenneville (Oise).

(2) H. Hitier, Journal d'Agriculture Pratique du 20 Août 1927, page 150.

(3) Revue de Zootechnie, Septembre 1927, page 151.

faveur semble enrayée et ce n'est pas un mal, car elle confond civilisation et machinisme, progrès et industrialisation à outrance ; elle a le défaut de faire de l'agriculteur un consommateur de l'industrie, et, seulement ensuite, un producteur. Son rôle primordial issu du premier souci de l'homme qui est la recherche de sa nourriture, passe donc au second plan. L'industrie devient ainsi maîtresse de la production agricole et elle en tire tous les bénéfices.

C'est alors qu'apparaît le danger pour le pays de la généralisation d'une telle méthode. En cas de crise nationale, l'industrie ferme ses usines mais le consommateur ne peut fermer son estomac, et l'agriculture, liée au sort de l'industrie ne produit plus, d'où famine et panique qui anéantissent le pays.

« Il ne faut pas oublier en effet que la France n'a pu résister à l'étreinte ennemie en 1917, lorsque la guerre sous-marine l'empêchait de recevoir une grande partie de ce qu'elle demandait au-delà des mers pour la nourriture des armées sur son territoire, que grâce à son organisation agricole : elle possédait le matériel indispensable à la culture ; des terres médiocres avaient été mises en valeur au lieu d'être abandonnées comme on l'avait constaté lors de la crise agricole de 1882 ; une population agricole habituée aux travaux des champs existait, qui, malgré sa réduction graduelle, était encore suffisante pour que les femmes, les vieillards et les enfants puissent à eux seuls, en maints endroits, travailler la terre et assurer les récoltes.

« On ne saurait objecter qu'il est non moins indispensable pour la défense du pays d'avoir une industrie métallurgique prospère pour fournir, aux heures critiques, des armes et des munitions, car toute résistance est finalement vouée à l'insuccès, quand les greniers à l'arrière des armées sont vides. Donc du seul point de vue de la défense nationale, il conviendrait plutôt de subordonner l'industrie à l'agriculture que de faire le contraire. » (1)

Ici comme partout c'est toujours l'équilibre qu'il faut rechercher. Et tous les chefs d'État vraiment soucieux de la prospérité de leur pays cherchent à développer l'agriculture. A citer ici : M. Mussolini. De même, « à la conférence économique internationale que la Société des Nations avait réunie à Genève au mois de mai dernier, il n'est pas un orateur, à quelque groupe qu'il appartienne, qui n'ait expressément affirmé, non seulement la solidarité d'intérêt qui existe entre l'agriculture, l'industrie et le commerce, mais encore l'inanité des tentatives de redressement économique qui ne feraient pas aux intérêts de l'agriculture leur juste part. » (2)

Ce sont de telles raisons d'ordre général qui, dans leur application, militent en faveur de la ferme chargée de bétail et s'opposent à l'industrialisation excessive de la culture.

Mais c'est le moment de répondre à une objection : le Gouvernement, notamment par ses tarifs douaniers, ne semble guère favorable à ce système de culture qui doit développer l'agriculture nationale.

Réponse : Le Gouvernement fait fausse route. Il ne faut pas le suivre et c'est encore aux agriculteurs à se passer de son aide.

Cependant — et c'est déjà quelque chose — il reconnaît comme nécessaire la protection du blé et lui accorde un droit double de celui des autres céréales. Mais tous édiles n'appartiennent pas au Groupe Paysan et ne sont pas très versés dans la connaissance de l'économie rurale : Ils

(1) Ch. Voitellier, le projet de tarif douanier, Revue de Zootechnie, Mai 1927, page 297.

(2) Discours prononcé par M. le marquis de Vogüé au concours du Comice Agricole d'Aubigny le 15 Août 1927.

semblent ignorer que la culture du blé est d'autant plus prospère que les spéculations animales sont plus développées.

Et M. Voitelier (1) peut donc avancer avec raison que « La protection de la production animale n'est pas moins nécessaire que celle du blé et, qu'en augmentant les droits d'entrée concernant les produits animaux, dût-on abaisser celui prévu pour le blé, on favoriserait davantage la culture de cette céréale si importante au point de vue national. »

Donc, envers et contre tous, il faut en venir au développement des spéculations animales.

Pratiquement, dans les exploitations productives du Nord de la France, que faut-il entendre par là ? S'agit-il de ce fameux « mal nécessaire » dont étaient peuplées nos plaines à céréales et à betteraves ? Non, la solution n'est pas là. Il faudrait dans ce cas, diminuer la quantité de bétail pour en augmenter la qualité. Il ne faut plus que des machines de transformation à rendement élevé, ne serait-ce que pour lutter contre la concurrence des pays grands producteurs de viande, comme ceux de l'Amérique du Sud ; ou de lait et ses dérivés comme le Danemark et la Hollande.

Mais ce n'est pas là une nouveauté. Nos agriculteurs ont appris depuis longtemps à acquérir un bétail de grande valeur zooéconomique. De là, tous les automnes ces nombreux achats de bœufs Nivernais, de chevaux du Boulonnais ou de l'Ardenne, l'engraissement à la pulpe des bovins Normands, ou Manceaux, des moutons du Centre, etc.

M. Hitier, dans un de ses ouvrages d'avant-guerre (2) présentait ce fait comme un caractère des fermes à bette-

(1) Le projet de tarif douanier précité.
(2) Systèmes de culture et assolements, page 99.

raves et il disait de celles-ci : « Elles utilisent le bétail, elles ne le produisent pas. »

Ceci est encore vrai dans un très grand nombre, la majorité sans doute, des fermes betteravières. Mais il y a lieu de noter une évolution de plus en plus marquée en ce qui concerne le bétail.

Bien que l'élevage soit pour le fermier d'une telle exploitation un souci de plus, et nécessite une connaissance plus encyclopédique encore, il tend à se faire une large place dans nos plaines limoneuses du bassin de Paris et du Nord de la France. La spécialisation, excellente méthode industrielle, perd une place ici.

Les causes économiques de cette évolution sont assez diverses. Si autrefois, il était facile de trouver des animaux maigres, c'est parce que les pays d'élevage ne possédaient pas les ressources fourragères suffisantes à l'engraissement de leurs produits, opération lucrative dont pouvaient alors profiter les fermes betteravières abondamment pourvues de pulpes, pailles, foins et grains.

Mais les améliorations culturales de ces régions d'élevage leur permettent de plus en plus d'engraisser sur place et de tirer ainsi le bénéfice maximum de leur bétail. Le mouton, l'animal le plus sobre de nos fermes, fut le premier à profiter de cette situation. Ceci explique la disparition progressive et presque totale des troupeaux d'engraissement venus de l'Ardenne et du Centre, pour la plupart. (1)

(1) A ce propos, on peut citer comme exploitation où se pratique toujours, et d'excellente manière, l'engraissement de troupeaux maigres, le domaine de Villers-en-Vexin (Eure), à M. Chéron.

Les moutons africains peuvent remplacer, dans une certaine mesure, ce que l'on ne trouve plus en France. Nous avons vu pratiquer cette spéculation sur les prairies, irriguées par les eaux vannes de Paris, de la ferme de la Haute-Borne. près de Pontoise (S.-et-O.), mais elle semble mieux à sa place dans le Midi et le Sud-Ouest.

De plus, les conditions zooéconomiques favorisent la production d'agneaux blancs ou gris, ce qui ne peut guère se faire que sur place.

L'engraissement des bovins suit la même évolution. Les Limousins furent en tête du mouvement. « Depuis l'amélioration culturale et la production abondante des topinambours, tous les bœufs sont engraissés et il n'y a plus de marchés véritables de bœufs de trait, l'engraissement dans le pays absorbant tout ce qui peut être exporté. C'est probablement la raison pour laquelle les détracteurs de la race se mirent à proclamer que le Limousin avait perdu son aptitude au travail. » (1)

Les Parthenay, vifs et rapides, très estimés pour les charrois un peu longs, ont disparu de nos plaines. Pourquoi ? Toujours la même raison : « Depuis trois quarts de siècle, le système de culture s'est sensiblement amélioré dans tout le bocage Vendéen par suite de la suppression de la jachère, de l'emploi des engrais chimiques et de la chaux, et l'on comprend la faveur qui accueillit les Maine-Anjou dès leur origine, » (2) permettant ainsi l'élevage et l'engraissement conjointement à la culture et supplantant les Parthenay.

Cette évolution des spéculations animales n'est évidemment pas absolue et est liée aux conditions climatériques et naturelles dont la souplesse est toujours assez réduite. C'est ainsi qu'il est difficile de prévoir l'engraissement des bœufs de Salers dans le Cantal : les cultures y sont insignifiantes et les prairies d'embouche ne couvrent que 4 à 500 hectares.

Mais il est un fait : les animaux se font de plus en plus

(1) Conférence de M. Martial Laplaud faite à la Sorbonne le 11 Juillet 1926.

(2) A. Chaquin. La race Maine-Anjou en Vendée, Revue Zootechnie, Mars 1927.

rares sur le marché et donc de plus en plus chers. Les frais de transport ne sont pas non plus pour favoriser l'engraissement loin du pays d'élevage, que ce soit dans les fermes betteravières du Nord ou chez les herbagers.

« En fait, aujourd'hui l'industrie herbagère périclite ou se transforme ; elle doit désormais et de plus en plus faire une part à l'élevage, construire les bâtiments indispensables à l'entretien des jeunes en toute saison, voire aussi d'un certain nombre de familles adultes; elle doit également pratiquer l'ensilage dans une limite convenable pour une meilleure alimentation et pour la régularisation du travail de la récolte des fourrages. » (1)

Dans l'Orne, par exemple, l'un des départements fournisseur de bœufs à la Villette, on ne peut plus se contenter des bêtes maigres de la Manche ou de la Sarthe : la plupart maintenant sont élevées dans le pays et « les vaches ont autant pour but de produire des jeunes que du lait. » (2)

Le même état de choses se retrouve dans les fermes betteravières. De plus en plus s'élargit la place de l'élevage et bientôt l'axiome de M. Hitier sera faux; il faudra dire : « les fermes betteravières produisent le bétail et l'utilisent. »

Mais l'élevage dicte alors de nouvelles conditions au système de culture, il exige notamment la création de pâturages. C'est le fait qui frappe le plus l'observateur ; souvent il en déduit aussitôt que le manque de main-d'œuvre est la seule raison de cette transformation. C'en est une mais ce n'est pas la seule comme nous venons de le montrer.

Par contre, il est un obstacle à cette évolution : « Si tant

(1) Ch. Voitellier. Choses vues, Revue Zootechnie, Septembre 1927, page 152.
(2) Marcel Léger. Un Domaine d'Elevage en basse Normandie, page 96.

de propriétaires et tant de fermiers sont peu enclins à entreprendre la production laitière, l'élevage ou l'engraissement des bœufs ou des moutons, c'est que le plus souvent, ils n'ont pas vu réalisées d'une façon convenable les améliorations qui permettraient de rendre moins pénibles et moins dispendieuses la pratique de ces spéculations. » (1)

M. Voitellier pose ainsi un beau sujet de thèse agricole puisqu'il possède la qualité primordiale : l'actualité.

Nous faisons nôtre ce sujet et nous nous proposons de montrer la réalisation pratique de cette évolution que nous nous sommes efforcés de mettre en relief. Nous allons présenter une ferme betteravière où « la production animale est essentiellement nécessaire au développement de la culture de la betterave et donc du blé et détermine une meilleure coordination des travaux assurant un revenu plus régulier aux capitaux engagés. » (2)

10 Octobre 1927.

(1) Ch. Voitellier. Choses vues, précité page 154.
(2) Ch. Voitellier. Choses vues, précité page 157.

CHAPITRE I

Situation économique

Dans la partie orientale de la grande plaine picarde, se trouve une région aux limites imprécises, le Vermandois. Ce nom trouve son origine dans les divisions Gallo-Romaines dont les limites ont plus ou moins varié au cours de l'histoire.

Mais le nom tombé en désuétude tend à reparaître à notre époque où se réveille l'esprit de clocher. Le témoignage en est fourni par l'organisation en Juin 1926 de grandes fêtes locales à propos de la Renaissance du Vermandois, fêtes qui ont l'avantage, si petit soit-il, de faire revivre un peu l'âme de chaque village et de réveiller quelques rares traditions rurales attachant un peu plus les dernières familles indigènes à leur sol.

En fait, le Vermandois qui se place, en gros, autour de Vermand et de Saint-Quentin, entre le Santerre, le Cambrésis, la Thiérache et le Noyonnais, est une partie de la Picardie assez bien caractérisée : plaine diversement pour-

vue des épais limons qui font la richesse de tout le Nord
agricole, mais au relief plus accentué, plus souvent dé-
coupé par des vallons, par la Somme aux alluvions tourbeuses ; les flancs de ces vallons portent une terre moins
féconde qui exige une culture différente. Quelques rideaux
d'arbres établis sur les larris, voire même quelques bois sur
les buttes tertiaires plus fraîches émaillent la plaine et
achèvent d'en rompre la monotomie. L'aspect du domaine
que nous allons étudier présente toutes les caractéristiques
de ce cadre naturel.

La prospérité de ce petit pays — sa surface est d'environ
110.000 hectares — procède autant de l'agriculture que de
l'industrie et du commerce. Les trois branches de l'activité
humaine s'y sont développées de bonne heure grâce à la
fertilité du sol, à la situation au croisement des grandes
routes commerciales reliant la Flandre à la Bourgogne,
les grandes plaines du Nord à l'Ile de France, et à la
densité d'une population laborieuse. Actuellement, nous
pourrions donner comme exemple les diverses spécialités
de Saint-Quentin : broderies, filatures, tissages, constructions mécaniques, principalement d'appareils de sucreries,
fabrication de la soie artificielle ; industrie agricole : sucreries, brasseries ; transit sans cesse croissant des voies
ferrées et du canal de Saint-Quentin.

Ces conditions économiques s'ajoutent aux conditions
naturelles pour favoriser la culture intensive. En fait,
c'est en grande partie au Vermandois que l'Aisne doit
d'être revenue au second rang des départements bette-
raviers et au neuvième des départements industriels. La
prospérité renaissante est due au bon équilibre de l'agriculture et de l'industrie ; il ne serait pas souhaitable que
cette dernière se développât démesurément dans cette
région, pas plus d'ailleurs que dans le reste de la France.
L'agriculture a été la première source de notre richesse
et ne pas la tarir est le secret de notre prospérité.

L'exploitation qui fera l'objet de cette étude, le domaine de Brocourt est situé sur le territoire de la commune d'Omissy, limitrophe au Sud à celui de Saint-Quentin, la capitale du Vermandois et la sous-préfecture du Nord-Ouest de l'Aisne.

C'est donc une exploitation agricole aux portes d'une grande ville industrielle d'environ 50.000 habitants. Cette proximité a une grande importance pour le domaine. Elle fournit surtout de bons débouchés pour le lait et la viande et tous les menus produits de ferme qui se vendent au marché des mercredis et samedis. De plus, le samedi est aussi jour de Bourse, jour de réunion des Syndicats, des Commissions, etc..., où les agriculteurs de la région se retrouvent régulièrement. Le domaine se trouve donc à deux pas de ce nœud vital de la région et il est facile d'y connaître la demande des produits agricoles : le blé pour les moulins régionaux et parisiens, l'orge pour les brasseries de Saint-Quentin, l'avoine et les fourrages pour la cavalerie encore importante de la ville, les animaux reproducteurs pour les fermes qui, de plus en plus, s'orientent vers l'élevage, les chevaux de trait pour les fermes industrielles qui n'ont pas de poulinières, et pour l'industrie, pour les mines de houille du Nord et du Pas-de-Calais, etc., etc.

Mais la ville provoque une concentration de la population dont se ressentent les campagnes voisines et Brocourt en particulier. La densité de la population qui était avant guerre de plus de cent habitants au kilomètre carré a diminué beaucoup — sans tenir compte de la guerre — au profit de la ville. Omissy qui avait 500 habitants n'en compte plus que 350, diminution importante due aux deuils de la guerre, aux exilés qui ne sont pas revenus, à la sucrerie qui n'a pas encore été reconstruite, à la traction électrique du canal qui remplace la traction hippomobile et exige moins de conducteurs, la baisse de la natalité, etc., et surtout l'attrait de Saint-Quentin et de ses usines.

Les agriculteurs se munissent à grand'peine d'ouvriers et constituent une source intarissable à laquelle puisent les usines. Oh ! combien de Polonais, venus en France, ouvriers agricoles, et qui sont passés ensuite à l'industrie ! Des « varlets » de culture travaillent à Omissy et occupent donc une maison ouvrière, mais les enfants vont journellement aux usines de Saint-Quentin, de sorte que la famille profite des avantages de la ville : hauts salaires de l'industrie ; et de ceux de la campagne : air sain, produits du jardin, de la basse-cour, aux dépens de l'agriculteur qui, lui, fournit le logis.

La population indigène ne peut donc suffire à la culture et l'on est contraint d'avoir recours à la main-d'œuvre étrangère, polonaise surtout — elle comprend 25 habitants à Omissy — et aux saisonniers, « camberlots » de plus en plus rares, et Belges.

Par contre, la ville fournit quelques bras aux époques de chômage ou de morte saison, mais ce sont là des éléments temporaires, peu adaptés et de faible valeur.

Nous verrons plus loin l'organisation pratique du travail à la ferme mais dès maintenant notons que la situation du domaine est peu favorisée sous le rapport de la main-d'œuvre et qu'elle pose un problème délicat à résoudre.

Les voies de communication qui sont cause et conséquence de la prospérité de la région forment un réseau dense et bien aménagé.

Les chemins de terre sont suffisants pour éviter toute servitude de passage. De plus, quelques routes telles que le C. G. C. n° 8 de Saint-Quentin à Bohain, le C. I. C. de Saint-Quentin à Lesdins, facilitent les charrois ; mais elles sont quelque peu accidentées présentant des pentes de 5 à 10 %.

Le réseau ferroviaire du Nord, bien développé, pourvu

de nœuds importants de Saint-Quentin et surtout de Ter-
gnier, nous est accessible par les gares de Saint-Quentin et
d'Essigny-le-Petit, sur la ligne de Paris à Bruxelles. Elles
sont distantes chacune de 5 à 6 kilomètres. La seconde a
l'avantage d'être moins encombrée.

En outre, il passe à Omissy un de ces nombreux « tor-
tillards » qui sillonnent la Picardie et vont porter la prospérité jusqu'au fond des campagnes. Ce tortillard, le
« Cambrésis » comme on l'appelle, relie Saint-Quentin à
Denain, en sinuosités à travers les riches plaines du Nord.
Pour nous, il est utile au transport des betteraves qui, par
Le Câtelet, vont à la sucrerie de Bohain. Mais il a plusieurs
inconvénients : sa construction récente, 1894 a divisé ma-
lencontreusement de belles pièces de terre ; sa gare de
Saint-Quentin n'est pas en jonction avec le réseau du Nord
et on ne peut l'utiliser que pour les marchandises venant
par Le Câtelet et grevées d'un coûteux transport ; enfin ses
services journaliers emmènent nos ouvriers aux usines
Saint-Quentinoises. Son intérêt pour le transport des betteraves est amoindri pour nous, du fait que le canal de Saint-
Quentin passe à la porte de la ferme et permet à la sucrerie
d'Eppeville Ham, construite sur le canal de la Somme,
d'acheter des betteraves économiques à transporter. Le
canal sert aussi très avantageusement à l'exportation des
blés vers Paris, Lille ; à l'importation des engrais.

Enfin, pour terminer cette étude sommaire de notre
domaine, rappelons d'un mot d'une certaine... importance,
que Saint-Quentin fut sous la botte de l'ennemi pendant
toute la guerre. La situation devint particulièrement terrible lors du retrait sur la ligne Hindenbourg. La fameuse
zone rouge enserrait en une poche étroite Saint-Quentin et
ses environs immédiats. Les trois premières lignes de tranchées traversaient précisément tout le domaine de Brocourt, c'est alors que tout le sol fut défoncé pour l'organi-

sation du terrain, puis bouleversé de fond en comble par les projectiles, et que tout le village fut rasé.

Dix ans ont passé, la renaissance de ces ruines était inévitable ; la paix recouvrée, ces champs ne pouvaient rester en friche. Actuellement, les baraques disparaissent, les sapes rebouchées s'écroulent bien de temps en temps, la charrue soulève toujours quelques dangereux engins parce que tous les ans on laboure plus profondément, les serpentins de craie sillonnent toujours les champs où le sol est plus profond, les dernières jachères indispensables à l'expurgation des plantes adventices sont terminées.

Mais si toutes les terres sont de nouveau cultivées, si les rendements sont les mêmes qu'avant guerre, l'exploitation n'est pas encore suffisamment réorganisée et c'est précisément cette organisation qui fera l'intérêt de notre étude.

CHAPITRE II

Etude du Milieu naturel

Première Partie — LES TERRES

La géologie du domaine est semblable à celle de la Picardie. Nous allons cependant étudier la question dans le cadre de l'exploitation et au point de vue agrologique.

§ 1er. Le Sous-Sol. Son influence sur la culture et sur l'hydrographie

Le sous-sol est formé de terrains du crétacé supérieur, et la craie blanche Sénonien inférieur (craie blanche à Micrasters) forme l'étage le plus important en raison de son influence directe sur le sol et de sa puissance variant ici de 25 à 75 mètres suivant le relief, et interdisant tout affleurement de terrains inférieurs.

Le Turonien nous intéresse aussi parce que ses formations : bancs de craie marneuse intercalés dans la marne à Teubratulina gracilis, déterminent des nappes aquifères qui alimentent la plupart des puits picards. Cet étage affleure dans les vallées voisines de l'Escaut et de l'Oise et détermine à 12 kilomètres au Nord-Est d'Omissy les sources de la Somme. Il plonge ensuite rapidement et à Omissy, dans la vallée de la Somme, il se trouve à 25 ou 30 mètres en profondeur.

Il suffit alors de percer la première couche argileuse pour voir l'eau remonter à la portée d'une simple pompe aspirante. Cette disposition de la géologie nous est fort utile et nous assure un approvisionnement facile en eau bien minéralisée excellente pour l'élevage.

Etudions maintenant la valeur agricole de notre soussol. La craie blanche à Micrasters se décèle par des affleurements dès que la pente est un peu rapide, comme le montre la coupe géologique ci-jointe. Les sapes de la guerre permettent aussi de l'identifier sous la couche arable.

L'intérêt agricole de cette craie réside dans le drainage et le marnage.

La craie blanche est en effet très perméable et ce, d'autant qu'elle est plus divisée par des diaclases. Il se produit donc un draînage naturel du sol sus-jacent. Le débit de ce draînage est alors variable avec la constitution du sol, son épaisseur, les remaniements dus aux travaux de l'homme.

Donc, l'eau qui atteint le sous-sol, est à jamais perdue pour les plantes, et gagne rapidement la nappe d'eau de la craie marneuse. La conséquence de ces propriétés est un assainissement du sol. Si celui-ci porte des prairies, il n'y a donc pas à craindre les douves et les divers inconvénients propres à la stagnation d'une nappe d'eau voisine du sol.

Ici, comme dans tout le Vermandois d'ailleurs et dans une grande partie de la Picardie, la craie n'a pas donné lieu à la formation d'argile à silex. Nous n'aurons donc pas ces terres de « cauchin » argileuses et humides, caractéristiques du pays de Caux, et du Beauvaisis picard.

La quantité disponible pour la terre arable dépend essentiellement des propriétés hydrologiques du sol et du climat.

Le second avantage de la craie est de fournir un amendement excellent pour corriger les propriétés physiques de nos terres. Nous aurons l'occasion d'en reparler.

§ 2ʳ. Etude géologique des Limons et des Terres

Le sous-sol est presque partout recouvert d'une couche limoneuse. Sur la feuille de Cambrai (carte géologique de la France au 1/80.000), cette couche n'est indiquée que si elle a plusieurs mètres d'épaisseur, et bien des lieux indiqués sur la carte comme affleurement de craie portent des terres propices à la culture de la betterave.

On peut facilement distinguer deux principaux limons, tous deux appartenant à l'Holocène, mais cependant d'âge différent. Ce sont : le limon des plateaux, le plus ancien, et le limon de lavage, encore noté : dépôts meubles des pentes.

a) *Limon des plateaux.*

Il forme en surface les trois cinquièmes du domaine de Brocourt. Il occupe, comme son nom l'indique, la croupe des plateaux et les couvre jusqu'à l'endroit où la pente est trop forte et soumise à l'érosion des eaux de ruissellement.

Mais bien souvent aussi, au sommet d'une déclivité, se trouve un boqueteau, qui s'est développé à cet endroit où la pente et le commencement du dénudement gênaient la culture. Ces quelques arbres, et plus souvent arbustes, coudriers, ronciers, ont le grand avantage d'empêcher le ruissellement, l'enlèvement des limons et de maintenir sur la pente, la fraîcheur qui manquerait sans eux et aussi, ne l'oublions pas, de servir d'abri aux nids des passereaux insectivores.

L'épaisseur du limon est souvent considérable. Il existe des chemins creux, taillés de plusieurs mètres dans le limon. Les sapes creusées par les Allemands permettent également d'en déterminer la puissance ; presque partout, on peut mesurer 3 à 4 mètres, quelquefois jusque 7 à 8 mètres.

C'est dire que le drainage par la craie sous-jacente a une action en relation inverse de l'épaisseur du limon, mais toujours très sensible. Pour le prouver, il suffit de prendre l'exemple des terres limoneuses sur sous-sol imperméable : celles de la Brie, sur l'argile à molières, exigent un drainage artificiel.

Les géologues ont reconnu dans le limon, une dizaine de couches distinctes. Disons seulement que sur le domaine de Brocourt, nous n'avons pu reconnaître que les couches supérieures : le lehm ou terre à briques et le loëss ou ergeron, en profondeur. Et encore, cette distinction ne peut-elle être faite que si le limon se présente sous une certaine puissance. Dès que l'épaisseur décroît, toute la masse est brassée par les instruments agricoles, traversée par les racines, oxydée et décalcifiée ; de sorte que le tout prend les caractères du lehm.

Partout, c'est la terre à briques qui domine et qui forme la terre arable. D'ailleurs, après la guerre, on a installé sur le domaine, une briqueterie pour produire sur place et à bon marché, les matériaux de reconstruction : les briques étaient fabriquées avec la terre même qui produit les betteraves.

La composition physico-chimique de cette terre est la suivante :

Sable silicieux	80,79 %
Argile	16,50 %
Calcaire	0,80 %
Débris organiques	1,39 %
Humus	0,34 %

Les deux éléments constitutifs sont donc l'argile et le sable. Le sable est un élément très fin, impalpable. Un kilog. de terre contient un peu de gros sable, jamais de cailloux. Les racines n'ont donc pas de mal à la pénétrer et à puiser les éléments fertilisants jusque dans les profondeurs ; les betteraves ne sont jamais racineuses. Encore faut-il que ce sol ait été préalablement ameubli par l'homme.

Il est perméable, mais l'humidité remonte facilement à la portée des racines par les canaux capillaires, en raison de la finesse des éléments constitutifs.

Bien cultivé, il peut posséder la réserve d'eau nécessaire à la végétation de grosses récoltes. Les plantes ont le temps d'absorber les éléments solubles de cette eau qui traverse le limon avec lenteur, avant que l'excès ne soit absorbé par la craie.

Le limon est donc la terre à betteraves par excellence. Remarquons d'ailleurs que les meilleures régions betteravières : Soissonnais, Santerre, Plaine d'Arras à Cambrai et Vermandois, possèdent un sol de limon reposant directement sur un sous-sol de calcaire ou de craie à l'exclusion des diluvium de cailloux, d'argile à silex, où la betterave réussit moins bien (Cauchin du Beauvaisis et du pays de Caux).

Ce limon, dont les propriétés physiques en font une bonne terre à betteraves, a-t-il une composition chimique satisfaisante.

Revenons à notre briqueterie de Brocourt, pour dire qu'elle a déjà disparu depuis plusieurs années : on a repassé la charrue sur le champ d'extraction, la terre est toujours le lehm. Elle a été fumée fortement, mais les rendements sont loin d'être satisfaisants, même après deux grosses fumures au fumier de ferme et un ameublissement convenable.

Les terres de limon ont cependant une grande fertilité, mais il ne faut pas oublier que cette valeur agricole dépend non seulement des conditions naturelles, mais aussi du travail de l'homme.

En réalité, la terre à briques vierge manque, en outre des bactéries du sol, de deux éléments essentiels : la chaux et l'anhydride phosphorique, indispensable à toute bonne terre agricole. Si les analyses que l'on fait chaque jour dans ces domaines de grande culture prouvent une quantité suffisante des éléments fertilisants, c'est que ceux-ci ont été apportés par le soin de l'homme depuis des siècles, et surtout depuis quelque 50 ou 60 ans, depuis la découverte des gisements de phosphates naturels, aujourd'hui épuisés, autour de Brocourt. Et cette fertilité ne se main-

tient que grâce à une restitution minutieuse et continuelle
des éléments exportés.

Grâce à elle, la composition chimique des terres de
limon est la suivante à Brocourt :

Azote .... 0,12 %
Anhydride phosphorique... 0,14 %
Potasse .... 0,29 %
Chaux .... 0,45 %

Ces chiffres dénotent une grande richesse en éléments
fertilisants. Remarquons cependant qu'une bonne partie
de la potasse se trouve sous forme de silicates potassiques
insolubles et donc inassimilables en principe par les
plantes (quoiqu'il paraît que la betterave soit capable d'en
assimiler une partie sous cette forme, thèse encore dis-
cutée). Il ne faudra donc pas négliger les engrais potassiques.

D'autre part, la proportion de chaux est insuffisante :
elle devrait être normalement pour une terre aussi argileuse, et aussi riche par ailleurs de 2,5 %.

b) *Limon de lavage.*

Nous avons distingué précédemment l'existence du
limon de lavage. Il diffère du limon des plateaux par sa
situation et par sa composition.

Le limon de lavage forme les dépôts meubles des pentes
et occupe le fond des vallons. En visitant la plaine, on peut
observer que les pentes exposées au Sud-Ouest, donc au
vent pluvieux, sont plus dégarnies de limon, que la craie
y est plus facilement découverte alors que le fond du
vallon est abondamment recouvert de terre limoneuse.
C'est que cette formation est due au ruissellement. Il n'est
pas rare d'ailleurs, de constater après les gros orages, des
transports de terre, assez considérables.

Les dépôts des pentes et des vallons sont donc du limon des plateaux transporté. Mais par ce transport, il a été remanié, homogénéisé, les diverses couches ont été intimement mélangées, des débris crayeux ont aussi été entraînés.

Comme le limon des plateaux, situé au sommet des pentes, est peu épais, donc essentiellement composé d'une seule couche : la terre à brique, le limon de lavage qui en provient n'a pas une composition bien différente, comme le montre l'analyse suivante :

Sable silicieux.............. 82,05 %
Argile .... 14,34 %
Calcaire .... 1,09 %
Débris organiques.......... 1,45 %

Humus .... 0,47 %
Azote .... 0,13 %
Anhydride phosphorique.. 0,15 %
Potasse .... 0,34 %
Chaux .... 0,61 %

Cette analyse est celle d'un échantillon prélevé dans la pièce dite « Le Clos », la plus fertile du domaine, celle qui donne toujours les meilleurs rendements en betteraves. Mais c'est aussi la plus proche de la ferme, et celle qui reçoit toujours les plus grosses fumures.

L'épaisseur de limon de lavage est sur le domaine de Brocourt, de 3 mètres en moyenne, comme permet de le constater une petite carrière dont on en a extrait, pour les travaux de restauration du canal. Mais nous sommes persuadés, qu'en certains endroits, cette épaisseur est plus considérable encore.

c) *Terres blanches.*

Les pentes des vallons forment « les marnettes », « les terres blanches », « les mauvaises terres », mais tout est relatif ; il est bien des régions de la France où elles seraient placées en première catégorie.

Le Vermandois au relief accentué, comme nous l'avons déjà dit, possède une notable surface de ces terres. Mais, constatation heureuse pour nous, ce sont celles des environs de Saint-Quentin qui se trouvent les mieux garnies de limon. En allant vers le Nord, aux environs de Bellenglise surtout, ou vers l'Est à Homblières, la surface et la médiocrité des marnettes augmente beaucoup.

Sur le domaine de Brocourt les terres blanches sont constituées par le limon des plateaux et 10 à 15 % de calcaire, quelquefois plus. Elles sont loin d'être infécondes, elles produisent en abondance des céréales mais consomment beaucoup d'engrais.

Leurs propriétés physiques sont toutes différentes : si elles sont faciles à travailler, parce que plus légères, elles manquent de la profondeur et de la fraîcheur nécessaires à la betterave. Mais les fourrages artificiels, la minette surtout y viennent bien.

d) *Les Alluvions de la Somme.*

Le fond de la vallée de la Somme est ici assez étroit et déjà occupé par la rivière, le canal, deux routes et une partie du village.

Le fond de la vallée de la Somme est ici assez étroit et même marécageuses. Quelques parties ont été assainies et ont donné d'excellents jardins, soit ouvriers, soit maraîchers et de bons herbages. La partie la plus mauvaise est boisée ou forme des marais.

Pour nous résumer voici les surfaces des différentes catégories de terre au point de vue agrologique :

Limon de lavage..............	50,8	hectares
Limon des plateaux, 1ʳᵉ catégorie	61	»
Limon des plateaux, 2ᵉ catégorie	20	»
Terres blanches	40	»
Alluvions modernes	3,2	»
Total..............	275,0	hectares

On voit que ce sont des limons profonds qui constituent la majorité des terres du domaine et le caractère dominant des spéculations végétales à y entreprendre.

Deuxième Partie — **CLIMATOLOGIE**

La température du Vermandois est froide en hiver : la température s'y abaisse généralement de deux degrés au-dessous de celle de Paris ; puis au printemps après une période alternative plus ou moins longue, elle augmente rapidement : aussi ne faut-il jamais être trop pressé pour faire les semis de printemps. L'été est par contre plus chaud, dé sorte que la température moyenne de l'année est sensiblement celle de la région parisienne. L'automne est la saison la plus belle et c'est d'elle que dépendent l'arrachage des betteraves, et les emblavements de blé d'hiver.

Le régime des pluies est influencé, comme dans toute la Picardie par la présence de la Manche, et de plus ici, par le voisinage du massif boisé des Ardennes et de la Thiérache ; de sorte que la hauteur annuelle des pluies, 775 $^{m/m}$, est supérieure à celle mesurée dans le Santerre, dans les plaines de l'Ile de France et dans le département du Nord. Les pluies étant réparties sur 140 jours environ, les sécheresses sont rares.

Il n'y a pas de massif boisé assez proche pour nous protéger de la grêle. Mais elle est cependant rare et les gros orages de grêle suivent plutôt les vallées de l'Oise et de la Somme moyenne.

Enfin, l'état hygrométrique est excellent grâce surtout aux brouillards qui s'élèvent fréquemment des marais de la Somme.

La conclusion de cette petite étude est que le milieu naturel se prête bien aux exigences de la culture intensive des plantes industrielles et des céréales. La meilleure preuve est celle des rendements.

Nous aurons plus loin l'occasion d'examiner si ces conditions naturelles ne se prêteraient pas aussi à d'autres situations culturales qui sont peu ou pas répandues dans la région : nous voulons parler des herbages.

Systèmes de Culture
et Assolements

§ 1ᵉʳ La Culture pendant la guerre et la remise en état des Terres

Avant d'étudier le système de culture actuel, donnons un aperçu de l'état des cultures pendant la guerre et de la restauration des terres.

En 1914 la récolte commençait au dernier moment de la paix et s'achevait sous la domination allemande. Les bétteraves sucrières mises en silos, car la sucrerie d'Omissy était fermée, furent expédiées ensuite en Belgique et à la distillerie de Rocourt située dans un faubourg de Saint-Quentin.

En 1915 et 1916, la culture était organisée systématiquement par les Allemands. Ils faisaient même venir quelques instruments agricoles de chez eux, le personnel ne manquait pas : de nombreux citadins hommes et femmes espérant trouver une situation moins précaire qu'à la ville s'étaient rendus aux offres alléchantes des kommandantures pour le travail agricole.

C'est ainsi que pendant deux ans, toutes les terres furent emblavées, principalement en blé : 150 hectares. Cette culture fut épuisante pour la plupart des terres des régions envahies. Mais Omissy avait le privilège d'abriter le dépôt de chevaux de la deuxième armée allemande, s'élevant à 1.500 têtes, de sorte que l'on fumait très abondamment pendant l'hiver.

Mais 1917 voit changer la face des choses : la ligne Hindenbourg s'établit sur le domaine et les 11 et 18 février toute la population est évacuée vers le Nord et la Belgique ; les Allemands font sauter et brûler systématiquement tout le village, s'établissent en mars dans de nouvelles positions. C'est pendant deux ans que dure le martyre du village.

Mais sitôt la bataille gagnée, M. Ennuyer revint courageusement à son poste et entreprend le relèvement des ruines. On construit en hâte quelques misérables baraques puis, dès décembre 1918, une compagnie de prisonniers allemands est occupée à ramasser les obus et la ferraille sur tout le territoire et à reboucher les tranchées et les sapes.

Au printemps de 1919, une batterie des tracteurs de l'Etat, puis bientôt trois tracteurs et quelques attelages de M. Ennuyer constituent les éléments de la remise en état du sol.

On se trouve en présence d'une végétation luxuriante, une vraie savane qui se développe merveilleusement sur ces terres fortes et si bien fumées. Certaines pièces sont particulièrement salies par les mauvaises graines apportées dans les fourrages destinés aux chevaux allemands. Il ne faut donc pas songer à cultiver cette année, si ce n'est quelques pommes de terre ou betteraves, un peu d'avoine, soit 10 hectares au total. Il faut d'abord nettoyer le sol avant de le cultiver.

« Autant la culture des plantes sarclés et étouffantes est à conseiller pour empêcher une terre de se salir, pour la maintenir propre, quand elle l'est déjà, autant il est dangereux de compter sur de telles cultures pour arriver à nettoyer une terre, et ne pas y faire de jachère est presque toujours une économie mal comprise. » (1)

D'autre part, les matières premières, les semences, la main-d'œuvre, les débouchés, les transports, rien encore n'était organisé.

Il fallut donc se limiter pour cette année à de simples façons préc[u]lturales, à une jachère générale, énergique et méthodique. On travailla d'abord les terres les plus proches, les plus fertiles. Les années suivantes cette œuvre de restauration s'étendit à tout le domaine, et ce n'est qu'en 1926 que fut terminée la dernière jachère.

Le travail des tracteurs fut excellent dans ces terrains bouleversés. S'il avait fallu employer des animaux de trait, les effectifs auraient dû être énormes pour accomplir cette tâche aussi vite, d'où, multiples difficultés de ravitaillement et d'abri d'une part, et travail plus dangereux à cause des fils de fer, des trous, des effondrements, travail de moindre valeur aussi parce que les chevaux et les bœufs ne marchent pas à la vitesse d'un tracteur, et la terre n'est pas travaillée aussi énergiquement.

Ce rôle des tracteurs est terminé maintenant et il suffit d'en avoir toujours un en réserve pour suppléer la traction animée en cas de besoin.

Le meilleur instrument de culture fut le pulvériseur à disques indispensable pour hacher la végétation adventice et permettre le passage de la charrue et de l'extirpateur.

Les résultats de cette jachère furent excellents. Les con-

(1) H. Hitier. Journal d'Agriculture Pratique

ditions optima d'humidité et d'aération nécessaires à une renaissance de la vie microbienne d'une part, et le parfait nettoyage d'autre part permettaient l'année suivante, 1920, l'emblavement de 50 hectares de blé. On cultiva pour la première fois depuis la guerre des betteraves sucrières dans la meilleure pièce du terroir.

En 1921, la surface en blé était normale : 107 hectares. Mais la culture était encore loin d'être mise au point, l'assolement était bouleversé. C'est ainsi que l'on cultiva des betteraves sucrières dans la même pièce en 1920, 1922, 1924 et 1926. Cependant le rendement moyen de cette dernière année fut de 32 tonnes alors que les conditions climatériques n'avaient pas été particulièrement favorables, on s'en souvient.

Nous parlerons plus loin de la pratique de la culture de la betterave, mais disons tout de suite que rien n'avait été négligé pour assurer la restitution des éléments fertilisants dans les premières années de la remise en culture. C'est ainsi qu'en 1920, on charria de grosses quantités de fumier accumulées à Saint-Quentin par les chevaux de l'armée française. On fit aussi de gros achats de crude ammoniac et de tous les engrais chimiques nécessaires.

Enfin, à propos de la remise en état des terres, nous tenons à mentionner le remembrement cultural qui eut lieu à l'amiable en 1920. Cette opération se fit sur une grande échelle dans les régions libérées et tout particulièrement dans la Somme.

Sur la commune d'Omissy, le bienfait du remembrement fut peut-être moins sensible qu'ailleurs parce que la division des terres n'était pas extrême. Il n'en est pas moins vrai que le nombre de pièces fut réduit d'un tiers. Leur superficie est de 10 à 15 hectares. Une surface plus grande n'est généralement pas avantageuse.

Il résulte certainement de cette amélioration une éco-

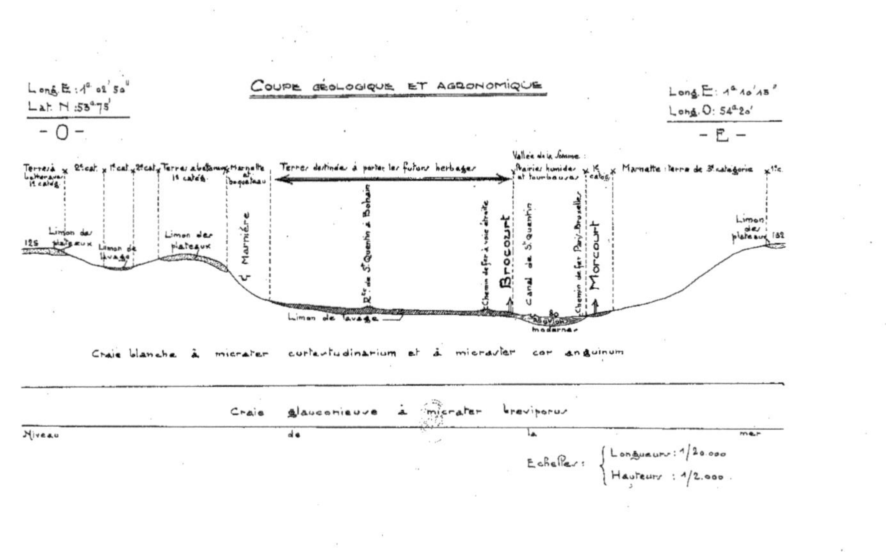

Coupe géologique et agronomique
Long. E : 1° 02' 50"
Lat. N : 53°75'
- O -
Long. E : 1° 10' 15"
Long. O : 54°20'
- E -
Terres à Lotharaux 1° caté.
2° caté.
1° caté.
2° caté.
Terres abetteraux
Marnette et boqueteau
Terres destinées à porter les futurs herbages
Vallée de la Somme :
Prairies humides et tourbeuses
1°c catég.
Marnette : terre de 3° catégorie
1°c.
125
Limon des plateaux
Limon de lavage
Limon des plateaux
Marnière
Rte de St Quentin à Bohain
Chemin de fer à voie étroite
Brocourt
Canal de St Quentin
Chemin de fer Paris-Bruxelles
Morcourt
Limon des plateaux
132
Limon de lavage
Alluvion moderne
Craie blanche à micraster cortestudinarium et à micraster cor anguinum
Craie glauconieuse à micraster breviporus
Niveau   de   la   mer
Echelles : Longueurs : 1/20.000
            Hauteurs : 1/2.000.

nomie sensible des travaux de culture, économie qui peut se chiffrer à 10 % très approximativement.

§ 2ᵉ. Système de Culture et Assolement de la Période actuelle de Transition

L'étude de l'exploitation dans son état actuel nous permettra de rechercher les améliorations à apporter et les économies à réaliser.

Le système de culture est celui d'une ferme betteravière en culture très intensive et qui manque de bétail.

Les diverses cultures se pratiquent selon deux assolements : voici le premier qui convient aux terres de première qualité (210 hectares) :

```
1 Luzerne : 13  Trèfle : 10  Betterave 1/2 sucrière,
                Pomme de terre : 7.
2 Luzerne : 13.                Blé (fumier) : 17.
3              Betterave sucrière : 30.
4              Blé                 : 30
5              Betterave sucrière : 30 (fumier).
6              Blé                 : 30
7    Avoine : 23.        Orge : 7.
```

Les terres de deuxième catégorie ne portent pas encore de betteraves : elles sont assimilées à celles de troisième catégorie pour composer l'assolement suivant sur 60 hectares.

```
1 Minette : 10       Trèfle : 5
2              Blé (fumier) : 15
3              Orge         : 15
4              Avoine       : 15
```

Cette division de la culture en deux assolements est très sage. Il importe en effet de considérer l'existence des plantes et ne cultiver la betterave sucrière que sur des terres riches et profondes. Il faut « faire de l'argent avec des betteraves et non des betteraves avec de l'argent. »

Mais c'est le premier assolement qui constitue par son importance et sa concision le caractère de la culture du domaine de Brocourt.

Le danger le plus fréquent pour les fermes voisines des sucreries et des points de réception est la culture exagérée de la betterave; elle occupe un tiers, quelquefois même la moitié de la surface. Or la pratique prouve que dans ces conditions, la tonne de betteraves coûte beaucoup plus cher à produire, les hauts rendements sont difficiles à maintenir et les avantages de la situation de l'exploitation vis-à-vis de la sucrerie sont rarement suffisants pour permettre un tel système de culture.

Au contraire, la culture de la betterave dans de justes proportions permet une régulière préparation des terres, des travaux mieux répartis, une fumure plus économique ; les sacrifices consentis pour la culture de la betterave profitent au maximum aux autres plantes.

Une marche plus normale de l'exploitation assure un bénéfice plus important et toujours plus constant. C'est là que se manifeste l'échec de la spécialisation agricole à outrance, méthode que nous blâmions déjà dans notre introduction.

Mais est-ce que cette critique ne s'applique pas à notre premier assolement ? Les plantes sarclées, betteraves sucrières mais aussi quelque peu de demi-sucrières et de pommes de terre, y occupent 67 hectares, soit bien près du tiers de la surface. La juste proportion voudrait que cette surface soit plus proche du quart que du tiers.

D'autre part, les cultures de légumineuses pourraient être plus importantes et viendraient plus fréquemment remettre à neuf les terres fatiguées. En tout cas les ressources fourragères de cet assolement sont insuffisantes pour nourrir le bétail qui serait nécessaire à sa fumure.

Mais le programme des spéculations animales permettant la fumure totale du domaine n'est pas encore réalisé. C'est là la raison d'être de cet assolement de transition. Ajoutons même que les fourrages et les pailles ne sont pas entièrement consommés par le bétail de la ferme.

En conséquence des achats de fumier sont indispensables. Il faut pouvoir disposer annuellement de :

1er assolement :	1re sole :	plantes sarclées..	7 Ha.
	5e sole :	betteraves suc....	30 »
2e assolement :	2e sole :	blé	15 »

soit 30 tonnes×52=1.560 tonnes de fumier annuellement au minimum (1).

Or, le bétail ne fournit que :

Chevaux	8 tonnes	× 35 =	280 tonnes
Vaches	12 »	× 30 =	360 »
Elèves	6 »	× 15 =	90 »

730 tonnes

Cette évaluation faite grosso-modo est sans doute en dessous de la vérité car l'écurie est composée de gros chevaux de trait du Nord, les bovins sont en stabulation per-

---

(1) Il est évident qu'en raison de la diversité des cultures constituant les premières et secondes soles de l'assolement principal, les besoins en éléments fertilisants ne sont pas les mêmes. Des corrections de fumure seront nécessaires à l'aide des engrais chimiques et organiques du commerce, notamment pour les betteraves sucrières de troisième sole venant après blé de trèfle sans fumier. Mais ce morcellement est imposé pendant quelques années et nous ne voulons envisager ici que les besoins de la fumure de fond.

manente, l'alimentation est très riche et la fabrication du fumier très soignée.

Mais nous sommes loin de pouvoir fumer 52 hectares. Le complément de 830 tonnes est acheté à Paris, bien que la distance soit de 140 kilomètres. L'opération est réalisable grâce à des relations amicales assurant la matière première et grâce aux transports par eau, au prix du frêt de Paris vers le Nord. Une péniche de 300 tonneaux transportant environ 170 tonnes de fumier coûte un millier de francs pour ce transport. Et l'on reçoit 4 ou 5 bateaux par hiver.

L'opération n'en est pas moins dispendieuse (2) et il faut prévoir la suppression de la cavalerie qui fournit le fumier.

Nous touchons ici un des problèmes principaux de l'organisation du système de culture. Autour de lui gravite toute la conduite des spéculations animales et végétales. En tout cas il faut que d'ici deux ans l'augmentation du bétail, l'augmentation et la meilleure utilisation de toutes les ressources fourragères permettent de se passer du fumier d'importation.

§ 3. — Projet de système de culture et d'assolement

Nous allons établir le projet de système de culture qui va supprimer cet inconvénient : importation de fumier, et donner une plus value à toute l'exploitation parce qu'il permettra de n'exporter que des produits portés à une valeur intrinsèque maximum sous forme de grains, de

---

(2) Le prix de revient de ce fumier est encore grevé de la fourniture de la paille correspondante, à des prix très bas.

betteraves, de lait, de viande, de laine, d'animaux reproducteurs. Nous recherchons par cette méthode l'augmentation de la productivité du domaine.

Nous avons montré suffisamment dans notre introduction combien est étroit le lien des spéculations végétales et animales et dans quel sens il nous semblait falloir diriger l'exploitation du bétail.

Nos spéculations animales seront donc basées sur l'élevage. Il nous faut des animaux ; chaque année il nous en faut d'autres : eh bien, chaque année nous en produirons.

Premier obstacle : Nous n'avons pas d'herbages, pas de « pâtures » comme l'on dit en Picardie ou si peu..... 5 hectares. Et faire de l'élevage dans une étable semble et est réellement une utopie. Inutile d'insister sur ce fait : tout le monde, techniciens et praticiens, est convaincu. On n'obtient de solides chevaux et de puissantes laitières qu'après une jeunesse passée au grand air, à l'herbage. Les agnelles, aussitôt sevrées, doivent parcourir la plaine pour former leurs muscles. Pour les porcins, on envisage également l'élevage en plein air, et cette conception nouvelle, quant à son application aux races perfectionnées, se répand de plus en plus.

Il nous faut donc des herbages : nous en créerons. La chose est possible, techniquement et économiquement, nous le prouverons. Nous porterons leur surface à 25 hectares, ce qui sera suffisant mais nécessaire : « Si tu veux des blés,......? » n'est-ce pas ?

Ensuite, il nous faut remonter les ressources fourragères de nos assolements. Voici notre programme : nous enlevons 20 hectares à notre assolement principal pour créer des herbages ; mais d'autre part, nous lui restituons 20 hectares pris dans le second assolement. Nous avons dit que ce dernier comprenait des bonnes terres de deuxième catégorie. Elles n'ont pas la qualité de celles de première, parce que le limon n'y atteint pas une si grande profondeur ; mais 40 ou 50 centimètres seront encore bien suffisants pour permettre avec succès la culture de la betterave. A la guerre, ces terres allaient être emblavées en betteraves sucrières, mais ce projet a dû être différé jusqu'à maintenant pour assurer l'économie de cette culture exigeante ; le sol a été labouré de plus en plus profondément chaque année, bien nettoyé et régulièrement fumé. Il peut maintenant porter avantageusement des betteraves.

L'assolement principal se pratiquera donc sur la même superficie de terre mais avec quelques modifications :

1 Luzerne	30 hectares.	
2 Luzerne	30	»
3 Plantes sarclées........	30	»
4 Blé	30	»
5 Betteraves sucrières.....	30 (fumier).	
6 Blé	30	»
7 Avoine 22 et orge 8......	30 (semis fourrager).	

La principale modification est la luzerne. C'est une amélioration très sensible, surtout si l'on en juge d'après l'avis de M. H. Hitier qui fait loi en cette matière : « Dans les assolements des fermes à betteraves, on aurait le plus grand avantage à donner à la luzerne, au sainfoin, au trèfle, en un mot, aux prairies artificielles mais surtout à la luzerne, une place aussi large que possible. (1).

C'est qu'en effet « après luzerne, la terre est neuve ». Cette remise à neuf est indispensable à la culture intensive des céréales et des betteraves ; elle doit être pratiquée le plus fréquemment possible. La luzerne ne doit pas disparaître pendant 12 ou 15 ans. Cela était possible au temps où on la conservait 4 ou 5 ans. En défrichant après 3 ans

(1) H. Hitier, *Plantes sarclées*, page 293.

et plus souvent, après 2, il faut resemer la luzerne après 5 ou 6 ans. On admet même actuellement qu'elle peut revenir après un laps de temps égal au double de la durée de la luzernière.

Notre assolement est donc saturé de luzerne.

Outre les bienfaits de la luzerne ainsi assolée, c'est la légumineuse qui donne sur nos terres les meilleurs rendements. Sèche ou verte, elle constitue un aliment abondant et de toute première qualité, très riche en protéïne, excellent pour les chevaux comme pour les vaches dont il répare les pertes azotées de la production laitière.

Mais pour cela, une luzernière doit être constituée de : ..... luzerne et non pas de plantes adventices ou de quelques graminées. Il ne faut donc pas ménager les engrais potassiques. Les terres argileuses retiennent avidement la potasse ; la betterave, et la luzerne sont deux grandes consommatrices de potasse et comme elles ont toutes deux un système radiculaire établi en profondeur, il faut savoir user de la potasse longtemps d'avance afin que cet élément ait le temps matériel de descendre dans les profondeurs du sol malgré le pouvoir absorbant.

De même, les besoins en chaux doivent toujours être satisfaits. Nous n'avons pas à rappeler tous les rôles que joue cet élément, mais faisons remarquer que nos terres en manquent toujours, et qu'il en faut d'autant plus que la luzerne, comme toute légumineuse, est calcicole, que la culture est plus intensive et exige une plus grande activité biologique pour détruire les toxines des plantes qui reviennent fréquemment et former les principes assimilables nécessaires.

Dans l'assolement actuel nous avons signalé que la somme de betteraves était peut être un peu trop vaste. Nous la diminuerons légèrement : 60 hectares au lieu de 67 (y compris betteraves demi-sucrières et pommes de terre) et nous faisons remarquer que l'augmentation de la luzerne et les débouchés offerts par les sucreries permettent amplement cette proportion.

La première sole de plantes sarclées vient après la luzerne. C'est là une originalité de notre assolement. Pourquoi ne pas cultiver de l'avoine ou mieux du blé après luzerne ? Les céréales sont d'ailleurs réduites au minimum dans notre assolement.

Les cours de ces dernières années, conséquence d'une politique du blé assez mal comprise, ne nous engagent guère à cultiver ces céréales sur une grande échelle. Pour tirer parti de tous les sacrifices consentis à la betterave, la culture du blé s'impose ; dans ce cas la récolte est généralement très régulière, le grain est lourd, pour des frais de culture réduits. Mais après une défriche, les résultats sont très variables, l'équilibre des différents éléments fertilisants est difficile à réaliser, la verse est fréquente, la maturité irrégulière, le grain léger et impropre à la semence. Somme toute, le blé de betterave est plus avantageux, et le blé de défriche ne s'imposera ici qu'après un réajustement des cours. Jusque là, nous préférons produire peu de blé pour le produire économiquement.

La luzerne laisse dans le sol l'équivalent d'une grosse fumure azotée. Il est normal de lui faire succéder la plante la plus exigeante de l'assolement, celle qui s'accommode le mieux de copieuses fumures azotées répandues dans toute la profondeur du sol, mais pas toujours équilibrées par l'anhydride phosphorique et la potasse comme il serait souhaitable. De plus, si les fanes et collets sont enfouis, c'est la moitié des éléments exportés (1) qui font retour à la terre au bénéfice de la culture suivante, alors que les

(1). Exemple : *Eléments exportés par une récolte de betteraves* (Saillard, 1903).

		Az.	$P^2 O^5$	$K^2 O$
Racines	38.389 kilos	72	34	89
Feuilles	32 280 —	77	24	134

déchets laissés par un blé ont une valeur beaucoup moindre. Pour la moitié des éléments dont elle a besoin, la betterave ne fait qu'un emprunt à un an, et par les pulpes, puis par les fumiers, elle rend une partie de ceux de la seconde moitié. Elle mérite ainsi de ne pas manquer de ces principes fertilisants. Donnons lui la première place.

Elle nous en sait toujours gré. Dans les quelques fermes où l'on cultive ainsi des betteraves après luzerne on obtient toujours de meilleur rendement que par l'emploi du fumier (1). Et à Brocourt, on fait depuis longtemps la même constatation.

On reproche aux betteraves de luzerne d'être fourchues et donc moins riches en sucre. Ce sont les racines de légumineuses qui sont cause de cet accident. De même, les binages surtout ceux à la machine, sont plus délicats, les bourrages sont plus fréquents. Pour éviter ces inconvénients, il faut savoir faire le défrichement avec soin et à l'époque opportune. Défricher en Juillet-Août c'est enfouir la seconde coupe et donc une grande quantité d'humus, mais cette pratique intéressante peut-être sur des terres pauvres et pour des semis d'automne, ne l'est pas ici. Il y aurait grosse perte d'un aliment précieux ; de plus, les racines en pleine végétation sont difficiles à extirper et la surface reverdit rapidement. Au contraire en hiver, dans le courant de décembre, un labour fait avec des coutres tranchants et des rasettes bien réglées extermine facilement une luzernière de deux ans. La température interdit la reprise des tronçons de racines et les façons de prin-

(1) Il en est ainsi chez le vicomte de Chézelles, au Boulleaume (Oise) et chez M. Maufroy, à Wariville (Oise). Dans cette dernière exploitation, en 1925, les rendements de betteraves sucrières sur défriches du luzerne (avec 1.000 à 1.200 kilos de nitro-salpétrine) ont été de un tiers supérieurs aux rendements de betteraves sur 35 tonnes de fumier (avec une égale quantité de nitro-salpêtriné).

temps montreront que les débris sont à demi décomposés et incapables de faire raciner les betteraves.

Dans notre assolement, la fumure de fond en fumier de ferme trouve sa place naturelle sur la deuxième sole de betteraves ; nous verrons plus loin de quelle quantité nous pourrons disposer.

La septième sole doit comprendre au moins 22 hectares pour l'alimentation des chevaux. Selon les circonstances les 8 hectares complémentaires pourront être occupés par de l'orge, ou de l'avoine ou même à la rigueur, s'il y avait lieu par un second blé ? Dans ce cas ce serait un blé de printemps succédant à un blé d'hiver bien sain, de façon que la terre puisse se reposer 6 à 7 mois entre ces deux cultures ou porter une culture dérobée.

En tout cas dans cette septième sole sera semée la luzerne. Aussi l'avoine serait-elle préférable comme plante abri.

La surface du second assolement est réduite de 60 à 40 hectares. Si nous conservons la même rotation, les soles sont réduites à 10 hectares. Pour augmenter nos ressources fourragères, nous pourrons supprimer une sole. Notre assolement deviendra :

1. Fourrages .... 13 hectares 33.
2. Blé (fumier) .... id.
3. Avoine (semis fourrager). id.

De cette façon la diminution des fourrages est moins sensible et la propreté des terres sera mieux assurée s'il n'y a que deux céréales successives.

Les fourrages se composeront de trèfle violet sur 3 hectares 33, et de divers mélanges de minette, trèfle violet et trèfle blanc pour assurer la nourriture d'un troupeau de moutons aussi longtemps que possible.

Après la consommation de ces fourrages, les terres seront

parquées ou fumées au fumier de ferme. Nous envisageons même de cultiver quelques hectares de maïs fourrager très précoce ou mieux un peu de moha qui, au bout de deux mois nous donnera 15 à 20.000 kilos de fourrage vert à l'hectare et permettra aux vaches d'attendre la saison des fanes et collets de betteraves.

Nous n'insisterons pas davantage sur les assolements dont les qualités, alternance de plantes nettoyantes et salissantes, répartition des travaux, etc., n'ont rien de spécial.

Concluons seulement que la sole de betterave occupe une juste proportion et que les ressources fourragères sont au maximum compatibles avec les cultures d'exportation. C'est bien la solution du problème posé.

Dotés de cet affouragement abondant, nous nous proposerons de continuer l'élevage du cheval de gros trait. Pour lui donner plus d'extension, nous ne diminuerons pas la cavalerie comme pourrait nous y inciter la création de 20 hectares d'herbages.

Le troupeau bovin sera doublé : sa base de 30 vaches laitières sera portée à 58. La spéculation consistera en la production du lait et d'animaux reproducteurs.

Enfin, nous constituerons une petite troupe de moutons sur la base de 250 brebis, avec laquelle nous pourrons utiliser tous les déchets et produire économiquement l'agneau gris.

Au chapitre « bétail », nous étudierons l'opportunité et la valeur de ces spéculations animales, nous pourrons prouver que les cultures sont suffisantes pour entretenir le cheptel et que le fumier produit est également suffisant pour entretenir la culture.

CHAPITRE IV

———

Etudes des cultures

———

Nous ferons effort pour que ce chapitre ne soit pas un cours d'agriculture, comme il est si facile de le faire : la betterave, les céréales sont généralement très bien cultivées dans les grands domaines du Nord de la France. Nous ne noterons ici que les moyens précis mis en œuvre pour obtenir les grands rendements, les particularités, la culture et les résultats d'une longue observation de M. Ennuyer.

§ 1. — Betteraves sucrières

a) *Situation économique, débouchés et contrats.*

C'est seulement en 1884 qu'à Brocourt, l'œillette et le colza firent place à la betterave de sucrerie. On sait l'évolution que subit la betterave pour atteindre sa richesse saccharine actuelle.

Le développement de cette culture fut encouragé ici par

la multiplicité des débouchés. Actuellement les acheteurs de betteraves sont :

1° La sucrerie d'Eppeville-Ham. Les racines sont livrées à l'extrémité du village sur le bord du canal. La Société a installé cette année un pont roulant pour charger les betteraves dans les bateaux et décharger les pulpes. Mais dès maintenant, on travaille à la construction d'une râperie sur les ruines de la sucrerie détruite par la guerre. Le jus sera envoyé à Eppeville par une canalisation de plus de 30 kilomètres car M. Sommier veut avoir la plus grande sucrerie « in the world. »

2° La sucrerie de Bohain possède sur le terrain limitrophe un quai pour les wagons du Cambrésis.

3° La Société Vermandoise possède une bascule sur la route de Cambrai à proximité des terres les plus éloignées de la ferme et des deux points de réception ci-dessus mentionnés. Les betteraves sont traitées par la râperie de Pontru et le jus envoyé à Sainte-Emilie (Somme).

4° Enfin la sucrerie d'Escaudœuvres, voisine de Cambrai, doit installer une bascule en gare de Lesdins, à un kilomètre d'Omissy. Le transport se fera par le chemin de fer du Cambrésis jusqu'à Caudry, et ensuite par le réseau du Nord, après transbordement.

Cette abondance d'acheteurs est évidemment utile aux planteurs de betteraves, encore qu'il ne faille pas se faire d'illusions sur la concurrence que peuvent se faire les sucreries : elles acceptent les mêmes contrats. Mais en cas de difficulté, les agriculteurs possèdent un moyen énergique pour se défendre, à condition qu'ils n'aient pas fixés le cours du sucre servant de base à la vente de 12 à 15 tonnes par hectare de la récolte et qu'ils ne se soient pas engagés à livrer telles ou telles quantités de telles ou telles surfaces plantées.

Les contrats de M. Ennuyer avec Eppeville-Ham et Bohain laissent toute liberté à ce sujet :

1° Chaque tonne de betteraves livrée à la bascule est payée à la moyenne de 70 % des prix du quintal de sucre des 8 de Novembre.

2° Chaque 1/10 de densité au-dessus de 7°5 fait majorer le prix de la betterave de 1 %.

3° Les pulpes sont vendues jusqu'à 100 %, c'est à dire à volonté, livrées en fosse à 10 % du prix de la betterave.

Cette dernière condition est particulièrement avantageuse pour favoriser l'augmentation du cheptel que nous envisageons à brève échéance.

Par ailleurs, si le prix du sucre était basé sur les douze mois de l'année, ce serait plus équitable.

Mais les difficultés naissent souvent des employés de la réception. Il en est qui sont souvent des ouvriers révoqués de la ferme et dont la vengeance se manifeste par une honnêteté très contestée ; même par les sucriers, il faut le dire à leur honneur. Le remède est évidemment la pesée géométrique qui sera probablement appliquée l'année prochaine.

b) *Variétés.*

M. Ennuyer se réserve d'acheter sa graine où bon lui semble. Cela n'a pas d'inconvénient pour les sucreries, puisque l'on mesure toujours la densité.

Depuis 1900, il se fournissait exclusivement chez M. Derégnaucourt (La Capelle). En 1926, il mit en compétition Derégnaucourt, Lepeuple, Heimemette et Legland. Dans chaque pièce, on sema des quatre graines, de sorte que, à l'arrachage les résultats étaient comparables. Les 3 premières donnèrent un rendement semblable, mais la Legland donna beaucoup plus : jusqu'à 6 tonnes de plus que les autres au début de l'arrachage ; et une densité supérieure de 4 à 5/10.

Cette année 1927, dans des conditions climatériques toutes différentes, la supériorité resta à la Legland. Cette betterave semble donc convenir parfaitement ici et comme elle se classe ailleurs au moins aussi bien que Vilmorin, Sébline, Desprez, etc., il est inutile de continuer les expériences. La Legland est adoptée à Brocourt, à l'exclusion des autres variétés.

c) *Fumures.*

Nous avons vu à propos de l'assolement, que la base de la fumure de la betterave était les débris organiques de la luzerne d'une part, le fumier de ferme pour la seconde sole de racine. Pour ne point nous faire d'illusions sur la quantité de fumier à épandre, nous ne donnerons de chiffres qu'après l'évaluation du fumier produit par le nouveau cheptel.

Un autre élément très important de la fumure est le chaulage fait régulièrement après l'enlèvement de la récolte de blé qui précède la moitié de la surface à emblaver en betteraves : on distribue régulièrement 2.000 kilos de chaux agricole.

De même, après la luzerne, M. Ennuyer a reconnu également le bon effet d'un chaulage analogue sur le rendement en betteraves. Mais ici, 800 à 1.000 kilos suffisent.

Les engrais complémentaires sont distribués quelques semaines avant le semis. Ce sont :

Sur betteraves fumées au fumier : 1.200 kilos de nitro salpétrine d'Auby dosant 9 % d'azote par tiers organique, ammoniacal et nitrique, 6 % d'anhydride phosphorique et 5 % de potasse.

Sur betteraves de luzerne : 800 kilos d'engrais d'Auby dosant 5 % d'azote organique, 8 % d'anhydride phosphorique et 3 % de potasse.

Nous verrons plus loin qu'une importante dose d'engrais potassique précédant la luzerne permet de réduire ici la potasse. L'activité de la nitrification dispense de l'usage des engrais azotés de couverture.

d) *Travail du sol.*

La préparation du sol pour la culture betteravière exige d'abord la destruction du guéret de luzerne ou de blé.

Dans les deux cas, le déchaumage est quasi indispensable. Pour la luzerne ce sera même un petit labour, fait très soigneusement en hiver. Nous avons déjà montré l'opportunité de cette époque. On fait ensuite passer le scarificateur. Si les débris de luzerne montraient un peu de vitalité, on repasserait cet instrument en travers, ce n'est que dans les premiers mois de l'année que l'on fait le gros labour.

Pour détruire les éteules, le déchaumage pourra être plus sommaire, fait avec un cultivateur par exemple. Si l'on emploie la charrue, le polysoc du tracteur notamment, il ne faut pas manquer de travailler ce « froissis » (1), le pulvériseur a son emploi tout indiqué ici. Sinon, les bandes de terre, simplement retournées empêchent la germination de la plupart des mauvaises graines et le nettoyage du sol est difficile à faire. Si l'on prévoyait que le temps manquât pour pulvériser, il vaudrait mieux déchaumer avec un cultivateur : les graines lèveront mieux.

Le binotage du fumier est une pratique excellente mais c'est celle qu'on abandonne le plus facilement faute de temps. Elle est surtout recommandable quand on n'a pas le temps de déchaumer convenablement. La croûte du sol

(1) Ce terme désigne la surface de terres déchaumées, froissées, comme le hersis désigne la terre hersée.

se trouve ainsi retournée tardivement, mais il est un avantage plus sérieux ; le fumier est enfoui à une dizaine de centimètres de sorte que le labour profond ne l'enfouira qu'à 0,20 et que le troisième labour, précédant le blé de betterave le ramènera plus près de la surface, mieux à la portée de la céréale.

En tout cas, il ne faut pas que ce binotage retarde le labour profond. Il faut le sacrifier plutôt que de risquer de labourer après les gelées.

Sur ce labour profond de 30 centimètres, sur les façons préparatoires, nous ne dirons rien de particulier si ce n'est que le roulage doit être modéré dans nos terres argileuses : M. Ennuyer n'emploie ici que des rouleaux de tôle et ne fait pas rouler plus de deux fois.

e) *Semis et soins de végétation.*

On a beaucoup discuté sur l'époque favorable aux semis et de son influence sur la montée à graine. Il semble certain que les semis hâtifs ne doivent être faits que par beau temps, exempt d'alternative de chaud et de froid pendant les premières semaines de végétation de la jeune betterave ; à Brocourt on sème généralement du 20 Avril au 10 Mai.

On emploie comme partout de 20 à 25 kilos de graines et un intervalle de 40 centimètres.

On active la végétation par la machine aussitôt et aussi souvent qu'on le peut. Le démariage et un binage à la main sont faits à tâche à raison de 350 francs (1926-1927).

f) *Récoltes et rendements.*

L'arrachage est fait également à tâche à raison de 350 francs et le chargement à raison de 125 francs.

Les rendements sont toujours bons, mais nous venons de voir que rien n'était négligé pour ce résultat. La moyenne dépasse 30 tonnes. En 1926 : 32 tonnes. En 1927, l'insolation a été insuffisante en août et septembre, le rendement tombera sans doute à 30 tonnes. La densité est également satisfaisante : 8°5 et plus.

Mais par contre, cette année a été particulièrement propice à l'arrachage et aux charrois ; le transport à la bascule se fait par chariot à 5 chevaux. Pour débarder dans le champ, il suffit d'ajouter 3 chevaux par temps de pluie, quelquefois plus, mais cela est exceptionnel. Les chariots emmènent 4 à 5 tonnes de betteraves et de terre. Le tombereau est à peu près inconnu.

Une grande partie des fanes et collets est récoltés soit pour la consommation immédiate des vaches, soit pour être ensilée. Plus tard, plus que jamais, nous ramasserons le plus possible cet aliment qui ne coûte que les frais de récolte, et la valeur engrais de ce qui ne fait pas retour sous forme de fumier.

§ 2. — Betteraves demi-sucrières

On cultive 3 ou 4 hectares de demi-sucrières à collets verts pour l'alimentation des élèves. Il nous en faudra maintenant 5 à 6 hectares. Le rendement varie de 50 à 60 tonnes. A part cela, aucune différence notable dans la culture.

Le rutabaga peut remplacer dans certains cas la betterave fourragère, mais ici la culture n'en semble indiquée qu'au cas où les semis seraient très retardés, donc à titre exceptionnel. De plus, les semis d'automne sont impossibles à faire après les rutabagas parce qu'ils sont arrachés très tard.

§ 3. — **Pommes de terre**

Nous ne mentionnons cette culture que pour être précis.
Elle ne constitue pas une spéculation, elle se pratique uniquement pour les besoins du personnel : 5 ares
par ouvrier et 10 pour la consommation personnelle, soit
1 hectare 30 environ.

Les terres à pommes de terre sont assimilées aux terres
à betteraves pour l'assolement, la préparation du sol et la
fumure.

§ 4. — **Blé**

Le prix de revient du blé doit être aussi bas que possible
en raison des cours actuels ; c'est ce qui a motivé la place
de cette céréale dans notre assolement.

Le choix des variétés est inspiré par ce motif : il faut
des variétés à grand rendement, à poids spécifique élevé,
et donc de vente facile. C'est pour cette dernière raison
que l'Hybride des Alliés a été abandonné. On ne sème
plus que 3 variétés dont les rendements ont été éprouvés
ici même : Japhet, Hybride 23 qui ont donné 31 quintaux
en 1927 et Trésor qui a donné 30 quintaux 60.

Avant la guerre, M. Ennuyer ne semait que du Japhet
depuis octobre jusque mars. Mais depuis, il n'a pu retrou-
ver une semence qui lui donne pleine satisfaction. Aussi
cette variété est réservée maintenant au semis de printemps.

Pour le semis d'automne, on emploie l'Hybride 23 après
les betteraves et le Trésor après minette ou trèfle.

A noter d'autre part, qu'après betterave de luzerne on fait le plus possible de semis d'automne pour employer presque exclusivement l'Hybride 23, dont la paille courte supporte mieux l'abondance d'azote.

On achète tous les ans la semence pure en quantité suffisante pour que la récolte permette d'emblaver toutes les terres à blé. Ce renouvellement bisannuel est très satisfaisant et s'accommode de la cherté des graines pures.

M. Ennuyer est partisan des semis un peu clairs : 180 kilos au maximum et plus généralement 160 et même 130 kilos au printemps. Nous avons pu constater que semer clair donnait des rendements supérieurs.

Toutes les semences sont évidemment traitées au sulfate de cuivre, par immersion à froid.

Le blé de betterave ne reçoit aucune fumure. Les blés de minette et de trèfle reçoivent une fumure au fumier ou un parcáge de très bonne heure de façon à pouvoir faire une culture dérobée avant les semailles. Pour équilibrer la fumure, on se trouvera bien d'ajouter environ 50 kilos d'anhydride phosphorique et autant de potasse.

Au printemps, comme pour les betteraves, on active la végétation par les machines, herse et rouleau.

Le détourage se fait par le passage des lieuses munies d'un diviseur avec un passage à la grande raie : procédé très économique et qui ne gâche pas le blé.

Les gerbes sont mises en dizeaux couverts de trois bottes.

Cette méthode est intéressante dans tous les pays où les pluies d'été sont peu fréquentes mais abondantes tandis que dans les champs au voisinage de la mer, par exemple, les gerbes non couvertes sèchent plus vite après chaque petite pluie. Ce travail est fait à tâche à raison de 20 francs l'hectare.

La moyenne des rendements atteint maintenant celle d'avant-guerre : 30 quintaux et 5.000 kilos de paille. On vend un peu de semence mais ce n'est pas une règle générale, car la ferme n'est pas outillée pour pratiquer cette spéculation : les autres travaux d'automne absorbent trop le personnel. Cette semence s'est vendue cette année à 40 francs au-dessus du cours du blé panifiable.

§ 5. — **Avoine**

L'année dernière on avait cultivé l'avoine de Svalof, mais la paille est trop abondante et verse fréquemment tandis que le rendement n'atteint pas en grains celui de la Ligowo. Actuellement, on ne cultive plus que cette variété malgré sa paille un peu dure sous la dent du bétail. Le rendement est cette année (1927) de 35 quintaux.

Sur les petites terres, on cultive avec avantage de la Jaune d'Yvois.

Le climat ne permet évidemment pas la culture de l'avoine d'hiver.

La semence est renouvelée et traitée de même façon que celle du blé, semis à raison de 130 kilos (semence d'introduction) et 160 kilos (semence de 2ᵉ année).

La fumure est peu importante : il suffit en général de 200 kilos de sulfate d'ammoniaque ou de cianamide.

On travaille la terre le plus longtemps possible pour la nettoyer, car l'avoine de février ne remplit le grenier que si la terre est rigoureusement propre.

§ 6. — **Escourgeon**

Cette céréale réussit bien sur les terres riches de Brocourt, le grain constitue un aliment intéressant pour l'élevage bovin. De plus, de nombreuses brasseries offrent un débouché facile.

Aussi cultive-t-on une plante à deux fins : l'escourgeon à 6 rangs prince Albert.

Ce n'est pas la véritable orge de brasserie ; mais comme la bière est la boisson du pays, surtout pendant les chaleurs, elle est très employée de préférence aux orges du printemps du Gâtinais pour la fabrication des bières d'été, de fermentation haute, bière à bon marché.

De plus, cette variété facilite la répartition des travaux : le semis peut se faire du 15 Septembre au 15 mars et la moisson est terminée bien avant la maturité des blés. La réussite est quelquefois plus grande par un semis fait après l'hiver, car l'escourgeon craint l'humidité excessive du sol, surtout quand il n'a pas atteint un développement suffisant.

La semence est renouvelée tous les deux ans par la maison Legland. Cela permet de vendre une partie de la récolte par la semence, en cas de non utilisation.

Elle est toujours sulfatée et employée à la dose de 140 kilos à l'hectare. L'escourgeon placé en fin du 2ᵉ assolement reçoit :

- 200 kilos de sulfate d'ammoniaque ;
- 200   »   de super ;
- 200   »   de sylvinite riche

et rend souvent plus de 30 quintaux ; 35 quintaux en 1927.

Mais d'après nos projets, nous ne le cultiverons plus qu'à la fin de l'assolement principal. La meilleure qualité des terres nous permet d'espérer une augmentation de rendement.

De plus, dans cette orge sera semée de la luzerne et les engrais destinés à cette plante, comme dans l'avoine.

Bien souvent dans le Nord de la France, où les pailles sont abondantes, on déclare celle d'orge inutilisable et on l'épand sur les terres où on la brûle.

Au contraire, des régions herbagères comme la Normandie, sont bien aises de s'en procurer dans les fermes de culture des environs, malgré le coût des transports par voie ferrée (1), c'est donc bien la preuve que cette paille est utilisable. De plus, la paille ayant passé dans une batteuse dotée de bons secoueurs est débarrassée des barbillons et peut même être consommée. Sa valeur nutritive est supérieure à celle des autres pailles.

Or, comme nous avons besoin de beaucoup de paille, nous emploierons aussi celle d'orge, de préférence cependant comme litière des chevaux.

§ 7. — Légumineuses

a) *Luzerne.*

C'est le fourrage qui convient le mieux à nos terres fertiles et profondes. La variété cultivée est celle des Flandres. Le semis se fait à raison de 25 kilos à l'hectare. On pourra substituer à 3 ou 4 kilos de luzerne une égale quantité de trèfle violet pour régulariser les rendements de 1re et 2e années.

La meilleure plante abri est l'avoine parce que céréale qui s'accommode d'une terre un peu meuble dont l'ameublissement profitera plus longtemps à la légumineuse. L'orge et le blé conviennent moins bien.

Les semailles, faites en ligne en avril-mai sont précédées et suivies d'un coup de herse qui profite aussi à la céréale.

Tout comme une autre plante, la luzerne exporte des

(1) Exemple : M. Goré, de Reilly, expédie toute sa paille d'orge à des herbagers du pays de Bray.

éléments fertilisants qu'il faut restituer. Nous avons déjà attiré l'attention sur la nécessité des engrais potassiques. En pratique, on a toujours observé de bons résultats d'une distribution de 1.200 kilos de sylvinite riche ou de son équivalent en chlorure de potassium faite à l'automne qui précède le semis de l'avoine et de la luzerne.

On a beaucoup parlé et discuté sur l'emploi des engrais potassiques, la décalcification produite, les effets variés, etc. Et nous avons lu agréablement que les résultats tout récents de M. Demolon concordaient exactement avec la pratique de cette fumure : forte dose de potasse faite deux ans après un chaulage et précédant d'un an le début de son utilisation sur la deuxième sole de betterave.

Voici d'ailleurs les conséquences pratiques que tira M. Démolon de ses expériences (1). « Tout d'abord ne pas associer dans une application simultanée la chaux et la potasse ainsi qu'on le recommande parfois. La suite logique des opérations comporte comme premier plan l'enrichissement du sol en chaux déplaçable pour augmenter son pouvoir absorbant, puis l'application précoce des engrais potassiques, enfin la mobilisation progressive de ceux-ci au cours de la végétation par les sels de chaux solubles qui prennent naissance dans le sol, bicarbonate et nitrate principalement. Dans de telles conditions, les divers sels de potasse doivent être considérés comme équivalents. »

« D'autre part, il convient d'approprier les doses de potasse appliquées aux pouvoirs absorbants des sols en se rappelant que ceux qui la retiennent plus énergiquement, c'est à dire les sols argileux, sont ceux dont la capacité

(1) Voir le *Journal d'Agriculture pratique* du 11 juin 1927. Absorption et mobilisation de la potasse dans les terres de limon, d'après les recherches personnelles de M. A. Demolon, directeur de la Station agronomique de l'Aisne.

d'absorption est aussi la plus grande (1). Les fortes doses sont alors indiquées. »

« C'est sur ces combinaisons d'après l'absorption que doit se porter toute l'attention et non pas sur la potasse de constitution des débris de roche, dont la mobilisation dans le sol est beaucoup plus lente. »

« L'exemple suivant est à cet égard fort démonstratif : l'argile extraite des limons quarternaires est particulièrement riche en potasse puisqu'elle en renferme 3,50 %. Ce résultat analytique a parfois entraîné la conclusion d'inutilité des engrais potassiques dans de tels sols, fait que l'expérience a controuvé. Nous avons constaté que cette potasse ne saurait être considérée comme de la potasse d'absorption, et comme un élément de constitution des allumino-silicates de l'argile avec une assimilabilité considérablement moindre. »

L'heureuse concordance entre la pratique et les résultats de l'expérience chimique nous fera excuser la longueur de cette citation.

C'est à l'emploi des engrais et à des façons d'entretien toujours énergiques que l'on doit les forts rendements, atteignant fréquemment 8 et même 9 tonnes de fourrage sec. Pour nous éviter les surprises de l'inconstance climatérique, nous avons basé notre étendue de luzernière sur une moyenne plus modeste, à savoir :

---

(1) Capacité de fixation de la potasse exprimée en milligrammes de chlorure de potassium par 100 grammes de terre d'après M. Demolon :

Terre granitique (Corrèze), non chaulée............... 259
   —   —   chaulée................... 595
Terre siliceuse (Sarthe................................. 456
      décalcifiée 305
Limon des plateaux (Aisne), marné..................... 1.007

	Fourrage sec	Fourrage vert
1ʳᵉ coupe	4.500 kgs	16.000 kgs
2ᵉ coupe	2.000 kgs	7.000 kgs
3ᵉ coupe	1.000 kgs	3.500 kgs
	7.500 kgs	26.500 kgs

Une partie de la récolte, la moitié de la 2ᵉ coupe et la totalité de la 3ᵉ seront susceptibles d'être consommées en vert. Notons en passant que les fourrages verts permettent de récupérer plus facilement le capital que les fourrages secs surtout avec les vaches laitières. Les transports sont plus coûteux, mais il n'y a aucun frais de fanage, de logement, d'assurance.

Le reste sera fané. La guerre en bouleversant le sol a interdit l'usage des rateaux fanes. Mais il vont pouvoir reprendre maintenant leur service. Après le fanage, le foin est mis en meulons puis transporté en vrac.

Cette méthode est imposée par les difficultés de la main-d'œuvre. On pourrait envisager le pressage du foin par une machine à grand débit parcourant les champs, actionnée par un tracteur et suivie de chariots. Les manutentions seraient très réduites et la rentrée des foins extrêmement rapide, ce qui est nécessaire si l'on veut profiter des trop rares jours de beau temps. Au constructeur de nous doter de la machine appropriée. La pratique de l'ensilage avec ses méthodes si variées pourrait fort bien rendre des services aussi mais les capitaux doivent être d'abord employés à la réorganisation de la ferme et à des améliorations plus pressantes.

La luzerne n'est conservée que deux ans non pas parce qu'elle se salit, mais parce que l'assolement l'exige, ainsi que nous l'avons déjà expliqué.

b) *Trèfle violet.*

Il trouve sa place dans le second assolement, où la sole fourragère est unique.

Il ne sera cultivé que sur 3 hectares 33 et sera consommé en vert avant et après la 2ᵉ coupe de luzerne.

La fumure potassique de la première sole suffira pour le trèfle.

Moyenne de rendement en vert :
                Première coupe   :   15.000 kgs
                Deuxième coupe   :   6.000 kgs

c) *Minette.*

Sur les terres argilo-calcaires et pour nourrir les moutons au printemps, la minette est toute indiquée. Nous avions pensé un moment à créer une lotière. Le lotier corniculé trouverait là un milieu favorable — on le rencontre d'ailleurs ici à l'état spontané — et il possède de nombreux avantages que l'on vante à juste titre depuis quelques années. Malheureusement, il ne donne presque rien la première année : il faut le conserver 5 ou 6 ans ou indéfiniment et le retirer de l'assolement. Mais nos terres de 3ᵉ catégorie nous rapporteront davantage en pratiquant l'assolement cité plus haut, les céréales y donneront toujours de bons rendements.

Néanmoins, si plus tard nous avions de la difficulté à nourrir nos troupeaux au printemps et en été, nous créerions une lotière sur les terres les plus calcaires, le reste des terres de 3ᵉ catégorie serait cultivé comme précédemment : nos ressources fourragères seraient encore augmentées. Mais présentement, nous envisageons une culture annuelle de 10 hectares de minette ou plus exacte-

ment de 3 mélanges fourragers dont la floraison sera
échelonnée pendant les mois de juin et juillet :

    1° Minette pure .... 20 kilos
    2° Minette ...., 10 »
    3° Trèfle violet .... 10 »
    4° Minette ...., 10 »
    5° Trèfle blanc .... 6 »

Rendement moyen : 15.000 kilos de fourrage vert à
l'hectare.

§ 8. — Cultures dérobées

Nos assolements, aussi serrés soient-ils permettent encore quelques cultures dérobées. Nous avons là un moyen
d'augmenter nos ressources fourragères, servons nous en.

Après le pâturage de minette, la terre est libre jusqu'à
l'automne, déjà avant guerre on en profitait pour cultiver
du maïs et du moha. On obtient ainsi une importante quantité de fourrage vert en fin de saison qui constitue l'alimentation des vaches en attente des fanes de betteraves.

Pour réussir ces cultures, il faut faire parquer et fumer
rapidement les terres de minette, puis enfouir par un
labour, fendre d'un coup de herse et semer aussitôt. Pour
le maïs, ne pas manquer de faire macérer la semence. Le
maïs le mieux adapté à la situation est : le jaune des
motteaux. Semer au moins à raison de 150 kilos ; trois
mois après, l'épiage a lieu et on peut récolter 25.000 kilos à
l'hectare. Dans ces terres peu profondes et en culture
dérobée, cette variété ne peut fournir davantage.

Le moha est plus précoce. Deux mois de végétation
suffisent pour récolter. Il est moins exigeant quant à la
qualité du sol et au climat, il est plus nutritif, 100 kilos de
moha nourrissent comme 155 kilos de maïs fourrager, sa

relation nutritive est excellente pour les vaches laitières. S'il n'est pas consommé en vert, on attend la maturité des graines et on obtient un bon foin et les graines pour les volailles.

C'est à ces divers titres et surtout par celui de précocité que nous le préférerons au maïs. Il nous suffira de 5 hectares rendant de 15 à 20.000 kilos pour assurer l'entretien des laitières en fin de saison.

Nous préférerons le moha de Hongrie au moha de Californie. Il obtient un développement un peu moindre mais convient mieux à l'arrière-saison et est moins exigeant pour la préparation du sol qui pourrait ici n'être pas toujours satisfaisante.

La semence sera sulfatée comme celle du blé, car la carie atteint le moha. La germination sera surveillée et aidée par le passage de la herse si le sol vient à se croûter. Le moha est en somme une bonne graminée fourragère dont les qualités toutes spéciales mériteraient d'être mieux connues.

CHAPITRE V

———

Création d'herbages

———

1. — Propriétés herbagères des limons et du climat

Nous en arrivons au point essentiel de la modification des productions végétales : la création d'herbages. Cette opération a une importance capitale pour le succès de notre nouveau système de culture ; aussi avant d'en fournir le projet nous en avons étudié d'aussi près que possible la nature afin de découvrir la réponse à cette question angoissante : Oui ou non, peut-on entretenir économiquement des herbages ?

De l'étude du sol faite au début, il appert que les conditions agrologiques des limons ne s'opposent pas à la production herbacée. Mais est-ce que ces limons sont doués de véritables propriétés herbagères ? Leur grave défaut est la facilité, relative cependant, avec laquelle ils se battent sous une pluie violente, puis se déssèchent.

La cause en est le manque de chaux. On sait combien

les limons se décalcifient : le calcaire est solubilisé par l'eau chargée de gaz carbonique et gagne les profondeurs (on estime à 600 ou 700 kilos la quantité exportée annuellement d'un hectare de terre par les récoltes et les pluies). Les analyses présentées plus haut nous montrent que la proportion en carbonate de chaux est très insuffisante : il en faudrait cinq fois plus pour réaliser les conditions optima.

Aussi quand survient une pluie brusque et abondante, l'eau n'a pas le temps de dissoudre un peu de carbonate de chaux, pour maintenir les propriétés colloïdales de l'argile. Les parties motteuses s'écroulent, forment une pâte, puis une croûte superficielle qui arrête l'aération du sol, mais accélère sa dessication par l'obstruction des canaux capillaires qui viennent déboucher dans l'atmosphère. Le sol est privé d'air et d'eau, éléments indispensables à la nitrification et à la végétation. Si le sol se plaque au moment de la germination, les tigelles ne pourront percer la pellicule du sol et la levée est compromise. Or, la nitrification dans un herbage est toujours trop ralentie et les graines de plantes fourragères sont très sensibles à un sol plaqué.

Le correctif est donc la chaux. Ajoutons que sa présence favorise en outre la formation du phosphate tricalcique et des carbonates assimilables, l'activité des combustibles organiques, les réserves d'humidité, la nutrition des plantes et, point particulièrement intéressant ici, aide au développement des légumineuses, du trèfle blanc qui augmente considérablement la valeur nutritive de l'herbage.

Nous avons déjà montré combien l'influence de l'homme avait été bienfaisante pour l'amélioration de ces terres, influence renouvelée à l'occasion de la culture betteravière dont l'intensive production exige le perfectionnement du sol, influence manifestée par les gros labours, les fortes fumures, les façons multiples et surtout les marnages.

Si nous transformons ces terres à betterave en herbages, nous supprimons en bonne partie les facteurs qui en entretiennent les qualités physiques : ameublissement, façons superficielles, enfouissement du fumier, marnage, etc., que ne sauraient remplacer le scarificateur, la herse, les épandages d'engrais en couverture, les chaulages, etc.

Il faut donc, avant de semer la prairie, que la terre soit abondamment pourvue de chaux, de fumier, d'air et d'eau. Plus loin, nous nous inquiéterons de remplir ces conditions.

Mais dès maintenant notre choix est orienté vers la terre la plus riche en chaux, en débris organiques, en éléments fertilisants, la mieux pourvue d'humidité naturelle.

Sur le domaine de Brocourt, les terres de limon de lavage réalisent mieux ces conditions que les terres de limon de plateau. Les premières occupent les fonds toujours plus humides mais à la fois sains. Elles sont fréquemment séparées du plateau par une pente boisée, également favorable à l'humidité formant un abri contre les grands vents, les intempéries. Ces divers facteurs semblent indiquer des propriétés plus nettement herbagères.

De plus, ces terres sont situées dans un vallon à l'extrémité duquel est construite la ferme. Cette proximité a attiré sur elles les soins les plus assidus, les plus fortes fumures surtout pendant la guerre où le reste du domaine était négligé et aujourd'hui elle a l'avantage de placer le bétail sous une surveillance plus facile.

Ces terres à betteraves, améliorées depuis si longtemps se couvertiront certainement en riches herbages dont la valeur nutritive sera aussi propre à l'engraissement qu'à l'élevage des races perfectionnées.

Pour affirmer nos dires, il nous suffit d'observer la région. Déjà au siècle dernier à Sancourt, près Ham, on remarquait les herbages d'un domaine qui abandonnait la culture : « On y trouve un bon ensemble de graminées et une quantité suffisante de trèfle blanc et quelques autres légumineuses » nous dit M. Armand Boitel.

Sans aller si loin nous avons visité plusieurs fermes du Vermandois qui possèdent quelques hectares d'herbages sur la terre à briques. Partout nous avons pu constater une très bonne production herbagère, l'excellent état du bétail et surtout des jeunes veaux et poulains auxquels on réserve les herbages dont chaque exploitation aime à s'entourer. On y fait avec succès l'élevage de la Hollandaise et du Trait du Nord. Nous connaissons même une exploitation où, sur des herbages semblables, existe un élevage Charollais.

La ferme du Grand Priel près de Bellenglise, 350 hectares, est caractérisée par une organisation industrielle : 5 tracteurs Latil font les travaux de culture et les charrois, l'organisation intérieure est toute mécanique, la comptabilité est extrêmement précise. Les matières entrant et sortant de la ferme sont rigoureusement pesées, etc. Mais par ses spéculations animales cette exploitation offre un exemple typique de la même évolution qui fait modifier notre système de culture : elle envisage la production du fumier par l'engraissement des bovins et des moutons. Pour s'assurer des animaux d'engrais elle en fait d'abord l'élevage. La présence d'un élevage charollais fait sur la base de 60 vaches met en relief l'évolution constatée et préconisée dans notre introduction.

Enfin, nous ne pourrions mieux faire que d'étudier les quelques herbages qui existent sur le domaine\de Brocourt : 5 hectares au total ; 3 hectares 2 sont établis sur les alluvions de la vallée de la Somme et 1 hectare 8 sur le limon de lavage. Ces derniers seuls nous intéressent.

En voici la composition telle que nous avons pu la noter l'été dernier :

Graminées 5/10	Paturin des prés	TC
	Fléole des prés	TC
	Dactyle aggloméré	C
	Fétuque des prés	AC
	Houlque laineuse	C
	Brôme mou	AR
	Flouve odorante	C
	Ray-grass vicace	C
	Avoine élevée	AC
Légumineuses 4/10	Trèfle blanc	TC
	Trèfle des prés	TR
	Lotier corniculé	AR
	Minette	R
Plantes diverses 1/10	Pissenlit	AC
	Renoncules	AR
	Achillée millefeuilles	R
	Plantain lancéolé	AR

Nous avons une bonne proportion entre les graminées et les légumineuses et il serait bien difficile de l'augmenter.

Les graminées sont assez nombreuses et à peu près également réparties, mais ce qui est tout à fait remarquable c'est la prédominance des meilleures espèces : paturin et fléole des prés, sur les espèces de moindre intérêt et dont sont ordinairement pourvus tous les herbages en plus ou moins grande quantité selon leur qualité : dactyle, houlque, brôme, flouve, avoine élevée.

Observons aussi que nous rencontrons des herbes exigeant une certaine quantité de calcaire comme le trèfle, la fétuque des prés et une fraîcheur moyenne comme la fléole des prés et l'avoine élevée.

Nous avons des graminées qui poussent à diverses époques. Le paturin nous fournit une herbe précoce et toujours prête à se développer là où les autres plantes feraient défaut ; la fétuque abonde surtout à l'arrière saison.

Pour les légumineuses, les observations sont également

très satisfaisantes. Le trèfle blanc prédomine très largement et nous l'avons vu végéter en 1926 avec une vigueur
extraordinaire alors que le bétail délaissait quelque peu
les graminées et s'acharnait sur lui. Mais on n'a pu obtenir
ce résultat que par des doses massives de scories.

La prédominance des légumineuses dans une terre de limon épais, est particulièrement avantageuse parce que
celles-ci vont puiser à une grande profondeur les éléments
fertilisants qui tentent de s'échapper. C'est d'ailleurs pourquoi elles ne se dessèchent pas en été, alors que les
graminées, plantes à racines surtout traçantes ne trouvent
plus à la surface du sol d'humidité suffisante.

Les plantes diverses représentent à peine 1/10 et sont en
voie de disparition. Elles ne sont pas d'une très grande
nocivité.

La proportion de légumineuses dans cet herbage lui
donne une très grande valeur nutritive. Les bons herbages
d'engraissement de la vallée d'Auge se composent de 5/10
de graminées et 5/10 de légumineuses. Mais les herbages
de production laitière de la Manche n'ont pas une composition supérieure à celle de notre « pâture grasse » comme
l'on dit en Picardie et l'on sait la qualité du bétail qui y
est élevé.

Comme sur l'herbage que nous venons d'étudier, nous
pourrons donc continuer et développer avec succès sur
les herbages futurs, l'élevage des chevaux et des bovins.
Nous avons des herbes particulièrement riches en chaux
et anhydride phosphorique, comme les légumineuses, et en
protéïne : trèfle blanc, paturin, avoine élevée, ray-grass
très favorables à la formation des tissus osseux et musculaires des jeunes.

Cette étude nous donne donc de très utiles renseignements sur les herbages à créer, par la persistance et la
prédominance des plantes qui y végètent spontanément.

Mais empressons nous d'ajouter que depuis la guerre, les prairies de Brocourt ont été l'objet de soins continus : aération, épandage de scories, de sels potassiques, fauchage des mauvaises herbes, des refus, étaupinages, etc.

Ces prairies tantôt surchargées de bétail, tantôt abandonnées au cours de la guerre, jamais entretenues, avaient été anéanties. Aussi la composition ci-dessus prouve combien peut être grande l'influence de l'homme sur l'herbage.

Si, trop souvent hélas, on rencontre dans les régions du Nord des herbages envahis par les plantes adventices, desséchés de bonne heure, dépourvus de légumineuses, c'est qu'ils ne sont pas entretenus.

« En culture simple, le fermier du Nord sait à merveille « travailler et faire fructifier sa bonne terre, il sait en « obtenir les plus beaux résultats. Il faut que l'éleveur du « Nord apporte les mêmes soins, la même attention à ses « pâturages, il faut qu'il améliore, qu'il amende ses pâtu- « res, ses prairies pour que le jeune bétail trouve à sa « disposition la nourriture riche en azote et en sels miné- « raux dont il a besoin. (1) » La chose est possible et les exemples sont nombreux.

Il faut aller dans le Midi, la Franche Comté, le Massif Central ou le Jura pour voir les soins jaloux que le paysan prodigue à ses prairies, cependant établies sur des terres de qualité bien moyenne.

Concluons que notre limon a des qualités herbagères excellentes et que le travail de l'homme peut les mettre en valeur et les améliorer à un degré beaucoup plus haut qu'on ne le croit généralement.

Nous avons étudié les propriétés herbagères de notre limon, surtout sous le rapport de la qualité. C'est la nature

(1) Dr Vétérinaire E.-P. Lebon, *De la race bovine hollandaise dans le Nord-Est de la France*, page 111.

du sol, plus ou moins modifiée par l'homme qui influe le plus sur elle.

Nous avons vu que l'on peut obtenir des herbages de qualité égale à la moyenne de ceux de la Normandie. Dans ces conditions, comment se fait-il que l'exploitation herbagère ne soit pas plus développée dans nos terres ?

Une des raisons principales est que si l'on peut obtenir la qualité, on n'obtient pas la quantité nécessaire pour assurer un bénéfice supérieur à celui obtenu par la culture. Car la pousse de l'herbe est surtout liée aux conditions climatériques sur lesquelles l'homme ne peut influer (sauf par de vastes entreprises de boisement ou de déboisement qui n'ont pas leur place ici).

En principe, le système herbager ne réussit bien que si la chute d'eau atteint un mètre par an en pluies régulières ou bien 50 centimètres en pluies estivales. Le premier cas est réalisé, pour ne parler que des régions voisines de la Picardie, dans la Thiérache, le haut Boulonnais, le pays de Caux. Dans ces régions, l'élevage prédomine en effet sur la culture.

Dans l'Auxerrois, il en est de même parce que les pluies d'été sont plus abondantes que celles d'hiver.

Sans faire une étude approfondie du climat picard, nous allons présenter quelques données qui nous permettront de conclure de l'influence des conditions climatériques locales sur la pousse de l'herbe.

Il tombe à Brocourt, nous l'avons déjà dit, d'après les observations des stations météorologiques voisines, environ 776 $^{m}/_{m}$ d'eau par an en 140 jours répartis sur toute l'année. La quantité d'eau annuelle est donc insuffisante pour être favorable à l'herbage.

Voyons si la répartition des pluies sera plus avantageuse :

Janvier	52 $^{m/m}$	⎫			
Février	56 »	⎬	Hiver	167 $^{m/m}$	
Mars	59 »	⎭			
Avril	45 »	⎫			
Mai	56 »	⎬	Printemps	166 $^{m/m}$	
Juin	65 »	⎭			
Juillet	88 »	⎫			
Août	74 »	⎬	Été	232 $^{m/m}$	
Septembre	70 »	⎭			
Octobre	77 »	⎫			
Novembre	65 »	⎬	Automne	211 $^{m/m}$	
Décembre	69 »	⎭			

L'été est donc la saison qui voit tomber le plus d'eau. Nous sommes loin évidemment de recevoir 500 $^{m/m}$, mais ces précipitations estivales sont très avantageuses pour maintenir la pousse au milieu de l'été.

Il est bien des régions où l'herbe pousse bien sans que les pluies d'été soient très abondantes : le canton de Formerie (Oise) où les prairies et les terres de culture sont en proportion égale, est un honorable producteur de beurre et il ne tombe que 220 $^{m/m}$ d'eau en été. La région d'Yvetot, la mieux arrosée du pays de Caux ne reçoit que 225 $^{m/m}$.

Nous n'avons considéré encore que la pluie comme condition climatérique. C'est en effet le grand facteur général du climat. Mais le climat local de Brocourt est fortement influencé par la vallée de la Somme : elle lui apporte le brouillard et la rosée qui entretiennent si bien l'herbe.

En effet, si le ciel de la région est généralement brumeux et chargé d'humidité (moins qu'à Amiens, mais plus qu'à Paris ou à Laon), l'atmosphère de Brocourt en est encore plus fréquemment saturée. La vallée de la Somme, ses étangs, ses marais, ses alluvions gorgées d'eau, le canal, toutes ces étendues d'eau forment de grandes surfaces d'évaporation. Le brouillard est alors très fréquent. Souvent, en été, alors que les plateaux sont soumis à l'insolation, la vallée et les vallons qui y viennent confluer sont noyés dans la brume ; les rideaux d'arbres qui bordent les pentes maintiennent plus longtemps ce brouillard.

Si donc nous établissons les prairies au fond de la vallée à limon de lavage, elles profiteront amplement de ce climat local dont l'état hygrométrique est excellent pour l'entretien des herbages.

Nous avons pu faire ces observations pendant l'été de 1926 relativement sec. L'herbe n'est jamais luxuriante comme dans les herbages sur sol riche et sous climat humide ; mais elle ne se dessèche pas, elle reste toujours bien verte. Une prairie de 1 hectare 80 ares a continuellement entretenu, depuis le printemps jusqu'aux froids de l'hiver, 4 poulains de 18 mois, ceux-ci ne reçurent qu'en fin de saison un complément de 3 kgs d'avoine par tête.

Si d'ailleurs le tapis herbu est sec, les jeunes et les vaches laitières buvant à discrétion peuvent s'entretenir sans souffrir. Seul l'engraissement, n'est plus économique dans ces conditions. Cet inconvénient n'a guère de valeur pour nous qui créons des prairies, uniquement pour l'élevage.

En résumé, les conditions climatériques sont assez satisfaisantes pour les herbages ; la culture s'y adapte plus facilement, mais les prairies ne sont pas tellement défavorisées que les circonstances économiques ne puissent en rendre l'exploitation intéressante parallèlement aux terres de labour.

En tout cas, nous avons pu reconnaître les avantages et les inconvénients qu'offraient le milieu naturel aux herbages ; celui-ci peut nous permettre de créer les herbages et cette étude nous guidera pour leur création.

§ 2. — Choix des pièces à convertir en herbages

La principale conclusion du chapitre précédent est qu'il nous faudra provoquer et mettre à la disposition des plantes le maximum d'humidité pendant la saison chaude. C'est là le principal facteur dont l'insuffisance peut entraver l'exploitation herbagère ; il nous faudra le corriger le plus possible ; problème d'autant plus ardu que la solution la plus efficace, l'irrigation, est impossible ici.

En étudiant les terres de la ferme, notre choix a été dirigé vers les limons de lavage pour porter nos herbages. Résumons une dernière fois les motifs de ce choix.

1. — La situation au fond d'un vallon entouré de quelques rideaux d'arbres et soumis à l'influence immédiate du brouillard de la Somme, est favorable à l'humidité plus considérable du sol et de l'atmosphère.

2. — La plus forte teneur en calcaire provoque une économie d'eau parce qu'elle empêche la terre de se plaquer et donc de se dessécher, qu'elle favorise la nitrification des grandes quantités d'azote accumulées dans le sol par les herbes, la solubilisation des principes fertilisants, la pousse des légumineuses qui puisent l'eau jusque dans le sous-sol.

3. — La plus forte teneur en humus et débris organiques caractérise un sol plus ameubli et plus apte à emmagasiner de plus grandes réserves d'eau.

4. — La richesse en éléments fertilisants permet d'obtenir avec le maximum de rapidité et de régularité la pousse d'une herbe fine et de haute valeur nutritive.

5. — La situation à proximité de la ferme facilite la surveillance plus active du bétail et les transports d'eau.

6. — Ces terres voisines de la ferme viennent d'être soumises à une production intense de betteraves et les rendements restent toujours très élevés, il y aurait lieu de craindre la fatigue betteravière dans un avenir prochain. Si nous les mettons en herbage cet inconvénient disparaît.

Notre choix est donc digne de ratification.

§ 3. — Préparation mécanique du sol

La remise en état du sol après la guerre, les trous d'obus, les tranchées rebouchés, le terrain nivelé, le nettoyage par la jachère, l'ameublissement et la fertilité retrouvés avec la culture betteravière, tout cela permet de créer des herbages. Il eût été bien dangereux de le faire dans les premières années de la paix. Le sol n'était pas suffisamment restauré et l'échec eût été fatal.

Pour parfaire l'ameublement et le nettoyage du sol, le semis de l'herbage se fera sur une sole sortant de betteraves.

Ces terres ont été marnées avant guerre et chaulées depuis, leurs propriétés physiques sont très heureusement corrigées. Mais ce résultat n'est pas suffisant. L'analyse le prouve également et nous avons insisté beaucoup sur ce manque de calcaire.

Donc, avant la dernière culture de betteraves, nous procéderons à un marnage. Le chaulage aurait un effet de trop courte durée. Des marnières existent à proximité où la craie dose 90 % de carbonate de chaux. On ne peut être mieux placé pour faire cette opération. Cette mesure est dictée surtout, comme tant d'autres, par l'économie de l'humidité.

Nous aurons ainsi une terre réalisant des propriétés physiques excellentes.

§ 4. — Fertilisation du sol

La terre à coucher est d'une très bonne fertilité riche en
« vieille force. » L'analyse chimique et les hauts rendements en sont le témoignage, aussi la fumure au fumier
de ferme sera excellente pour apporter à la jeune prairie
les éléments fertilisants et surtout l'azote dont elle a grand
besoin quand elle ne peut encore fixer l'azote atmosphérique.

Le marnage sera fait au cours de l'hiver précédent le
semis des betteraves. De même que pour la luzerne, le
sol sera enrichi en chaux et apte à recevoir des suppléments d'engrais potassique l'hiver suivant.

Les engrais phosphatés seraient d'un emploi tout indiqué pour favoriser les légumineuses. Ils seront distribués
avec la fumure de la betterave.

En résumé la fumure se composera de :

Chaux : 20.000 kilos de la craie blanche à 90 %
(avant betterave)

Chaux : 5.000 kilos des scories.

Azote organique : 180 kilos du fumier de ferme.

Azote ammoniacal : 20 kilos du sulfate d'ammoniaque.

Azote nitrique : 20 kilos du nitrate de soude.

Anhydride phosphorique : 200 kilos des scories.

Potasse : 460 kilos du chlorure de potassium.

§ 5. — Choix des espèces à semer

Il existe diverses méthodes pour créer une prairie. On
peut laisser s'enherber une luzernière ou une jachère quel-

conque. On charge le terrain d'une grande quantité de bétail à qui l'on apporte toute la nourriture nécessaire. Les déjections constituent rapidement une grande masse d'engrais et toutes les plantes qui montent vite sont immédiatement supprimées par le bétail. Seules les légumineuses et quelques graminées arrivent à couvrir le sol. A ce moment on diminue le nombre de têtes de bétail, jusqu'à ce qu'il soit normal pour vivre de la production de l'herbage.

Cette méthode a été pratiquée avec succès après une fauchaison générale pour remettre les herbages de Brocourt en état. Mais elle ne peut convenir quand il s'agit de création, en terre propre surtout. Elle nécessite trop de temps et la valeur de nos terres ne nous permet pas de perdre le rapport d'une seule année.

Nous emploierons encore moins les fonds de grenier, parce que tout d'abord on ne récolte pas de foin sur nos prairies permanentes, qu'ensuite ceux que nous pourrions nous procurer ne conviendraient pas à priori à la nature des terres et en tous cas, contiendraient beaucoup de mauvaises graines et diverses semences d'herbes de prairies de fauche et non d'herbages, toutes tardives ou toutes précoces selon l'époque de la récolte. Les prairies ainsi créées pourraient être améliorées par le pâturage mais ce ne serait pas un procédé économique.

Nous créerons les herbages par la méthode intensive c'est à dire par le semis de graines pures ; il faut donc en faire un choix judicieux.

Et pour ce faire, notre meilleur conseiller ne peut-être que la nature ; « Arce naturam furca..... recurret. » (1) Nous avons eu l'avantage d'étudier la flore d'une prairie placée sur le même terrain que celle de notre projet. A

______

(1) Vers d'Horace que La Fontaine traduisit : « Chassez le naturel... il revient au galop ! ».

nous d'en retirer le meilleur profit pour composer notre mélange.

Nous avons reconnu dans cet herbage d'excellentes plantes. Le mieux que nous ayons à faire est de les choisir parmi celles-ci, car il ne faut pas espérer combattre l'évolution de la fleur ; dans ce cas, la meilleure méthode est l'application raisonnée des engrais. Si l'on ne sème pas des plantes adaptées au sol, elles disparaîtront rapidement laissant la place à d'autres qui n'auront peut être pas été semées, mais qui seront adaptées à ce sol. C'est ainsi qu'il nous sera inutile de semer, c'est un fait d'expérience, du dactyle, de la houlque laineuse, de la flouve odorante pour trouver ces plantes dans l'herbage peu de temps après.

Nous choisirons donc parmi les plantes observées les meilleures espèces. Point n'est besoin d'un grand nombre : sinon on risquerait de laisser étouffer les plus nutritives par les médiocres, mais il faut que le choix réponde aux besoins de l'herbage. Et si nous composons notre mélange de semence comme suit :

a) Paturin des prés.......... 8 kgs
b) Fléole des prés.......... 7 »
c) Fétuque des prés.......... 9 »
d) Ray-grass vivace .... 8 »
e) Avoine élevée .... 3 »
f) Trèfle blanc .... 5 »
g) Lotier corniculé .... 3 »
h) Minette .... 2 »

Total....... 45 kgs

N. B. — Ces poids ont été évalués en tenant compte, pour chaque espèce de la pureté et de la faculté germinative d'une bonne semence marchande.

C'est parce que nous espérons qu'il réalisera les conditions suivantes :

	A	B	C	D	E	F	G	H
Etat spontané sur terre analogue	··	··	··	··	··	··	··	··
Grande valeur nutritive	··	··	··	··	··	··	··	··
Précocité	··				··			··
Tardivité		··					··	
Plantes repoussant vite			··			··		
Plantes garnissant rapidement au début					··			
Plantes à racines traçantes	··	··	··	··	··			
Plantes à racines pivotantes						··	··	··
Plantes accumulant beaucoup d'azote						··	··	··
Plantes résistant à la sécheresse					··	··	··	

La composition de ce mélange a encore été guidé par l'étude d'un herbage créé voici trois ans sur des terres de nature semblables aux nôtres et situées sur une commune limitrophe.

On avait semé un mélange comprenant, en outre des espèces sus nommées, une notable proportion de dactyle, de brôme mou, de vulpin, et cinq kilos d'avoine élevée. Ce ne sont que des plantes de deuxième choix, mais très envahissantes. Aussi ne faut-il pas les semer, ou du moins en faible quantité. C'est pourquoi nous avons réduit dans notre mélange la proportion d'avoine élevée à 3 kilos et supprimé le dactyle. Le brôme mou occupait une large place, c'est cependant une plante médiocre et beaucoup d'éleveurs cherchent à entraver sa dissémination. Aussi nous ne le sèmerons pas. Le vulpin des prés a déjà complètement disparu, il ne trouve pas assez de fraîcheur. Nous ne l'avons d'ailleurs rencontré à l'état spontané que dans les fossés humides.

Les légumineuses avaient été semées à raison de 8 kilos

et occupaient environ les 2/10 de la flore. Nous en avons forcé le poids des graines, espérant que c'est là une manière d'en favoriser la prédominance, sans oublier cependant que « les engrais exercent souvent plus d'influence que les semis » (Deherain).

Nous sèmerons une notable quantité de lotier corniculé puisqu'il pousse spontanément, et parce que nous avons reconnu dans d'autres régions (Cantal) ses qualités herbagères de grande valeur dans tous les sols, riches ou pauvres. Sa valeur nutritive est au moins égale à celle de la luzerne et cette plante peu connue mériterait une plus large place dans tous les herbages.

En somme, on a toujours tort de mettre en compétition les bonnes espèces avec d'autres plus ou moins médiocres ; c'est cette observation qui les a fait bannir de notre mélange.

§ 6. — Semis

En raison des rigueurs qui peuvent nous surprendre en hiver et de l'humidité quelquefois excessive du sol, nous ferons le semis de notre prairie au printemps. Cela nous permettra aussi d'achever la destruction mécanique des mauvaises herbes, dont quelques graines lèvent toujours aux premiers jours du printemps.

Le semis sera fait dans une plante abri, pour atténuer l'action mécanique de la pluie qui, en plaquant le sol, gênerait la levée des graines fragiles et les priverait d'humidité. Ce procédé aura en outre les avantages suivants :

1° Réduction de la quantité de semence : 45 kilos au lieu de 50 seront suffisants.

2° Récolte d'une céréale pendant que l'herbage se forme.

3° La plante abri sera un blé semé au printemps : c'est la céréale qui convient le mieux sur une terre sortant de betterave ; elle abrite la prairie aussi bien que l'avoine plus fréquemment employée pour raison d'assolement.

La variété sera l'hybride des Alliés ; elle est franchement alternative et peut être semée jusqu'au 15 mars ; elle se tient très bien après betterave.

Le semis sera évidemment très clair : 90 à 100 kilos de semence pure, ce qui n'empêchera pas un rendement honnête, car nous avons pu observer dans cette ferme que les blés semés à 130 kilos ont donné les meilleurs résultats.

Le semis des graines herbagères se fera au semoir à la volée et en deux fois. Le premier lot comprendra les graines lourdes de légumineuses et de fléole ; il sera enterré par le passage d'une herse légère. Sur le deuxième semis, le reste des graminées, nous passerons un fagot d'épines ou un rouleau très léger si la terre est suffisamment ressuyée. Il ne faut pas que les graines soient enterrées profondément en terre argileuse. Il faut seulement qu'elles soient en contact avec elle.

A la moisson du blé, et en cas de coupe forcée sur un seul sens, nous prendrons garde à ce que les machines ne fassent pas d'aller et retour sur les champs, afin de ne pas trop tasser le sol et détériorer ainsi le jeune herbage.

Nous avons pu constater l'excellent résultat de cette méthode de création dans la région. Elle nous paraît fort raisonnable et nous l'emploierons.

Au printemps suivant, l'herbage sera fauché, opération qui a un effet semblable à celui de l'écimage pour le blé. Puis le bétail sera admis avec modération dès que la terre sera sèche et consistante.

§ 7. — Clôtures et abris

Nous emploierons la clôture en fil de fer sur poteaux en ciment armé, la plus économique, la plus favorable à l'herbe et la plus facile à établir ou à démonter le jour où l'on remettrait les herbages en culture.

Les poteaux seront fabriqués économiquement à la ferme à l'aide de quelques moules en bois et posés pendant l'hiver qui suivra l'ensemencement.

Ils seront garnis, à partir du haut d'un fil barbelé, dont les ronces seront le plus sérieux obstacle, d'un feuillard bien visible et de deux fils simples. Cette clôture aura 1 m. 25 de hauteur.

Les portes qui ne sont pas destinées à être ouvertes fréquemment, seront constituées par une armature métallique que l'on accroche au poteau et qui tend les fils de ronce artificielle. C'est le système le plus économique.

Pour ne pas soumettre les clôtures aux assauts du bétail agacé par les démangeaisons, nous établirons dans chaque herbage un frottoir, constitué par deux forts poteaux verticaux, le premier de 0,80 de hauteur et le second de 1,60 dont les sommets seront reliés par une barre transversale. De cette façon les animaux de toute taille pourront se frotter l'échine. Et c'est pour eux un confort très recherché et souvent ignoré des éleveurs.

Les clôtures seront placées de façon à diviser l'herbage en trois parcelles de 6 à 7 hectares. C'est la dimension qui permet la meilleure utilisation de l'herbe. De plus, cette division est nécessaire pour séparer les poulains de différents âges, les sexes, les juments qui frappent. Nous aurons ainsi, avec les herbages actuels, 6 enclos.

L'exposition au soleil du bétail d'élevage est une chose excellente et le vent n'est guère nuisible. Cependant pour des animaux délicats qui resteraient à l'herbage à l'arrière saison, nous établirons sur le côté commun de deux enclos un abri très simple pouvant être utilisé par les bêtes de l'un ou l'autre herbage suivant la position d'une claie. C'est là aussi que nous déposerons les compléments de nourriture en période de disette. Nous pourrons même établir une litière qui récoltera les déjections des animaux y stationnant fréquemment.

Ces abris seront constitués par des poteaux de bois et une petite charpente supportant des tôles ondulées, matériaux abondants ici depuis la guerre. Ils protégeront des vents du Nord, de l'Ouest et du Sud-Ouest.

§ 8. — Alimentation en eau

Le problème de l'alimentation en eau est facile à résoudre ici. La nappe d'eau sise entre les bancs argileux de la craie marneuse alimente les puits artésiens. Nous ferons deux forages et l'eau sera puisée par une simple pompe aspirante. Cette disposition permettra une notable économie : un forage et une pompe reviennent à environ 1.500 francs.

§ 9. — Fertilisation des herbages

Nous avons traité plus haut de la fertilisation des terres à coucher. Les fumures données avant la création seront du meilleur effet, mais, dès maintenant, il faut prévoir la restitution à faire au cours de la production herbacée.

De nombreuses analyses ont été faites par nos plus célèbres agronomes et elles nous donnent un ordre de grandeur des éléments exportés. En tenant compte des nombreux facteurs, composition de l'herbe jeune, influence des coupes très nombreuses dues à la dent du bétail, restitution par les déjections, Joulie a conclu qu'un hectare d'herbage chargé de bêtes d'élevage, consommant comme deux vaches, perdait en éléments utiles :

Azote	133	kilos
Anhydride phosphorique.	30	»
Potasse	110	»
Chaux	60	»

En principe, il faut donc mettre ces éléments à la disposition de l'herbage.

Mais la fumure des herbages est très délicate. Les résultats sont assez divers. Certaines expériences faites dans plusieurs pays sont surprenantes, quelquefois même en contradiction ; aussi sommes-nous très perplexes sur la fumure à indiquer.

Jusqu'à ces dernières années, on professait que les herbages n'exigeaient guère d'engrais azotés parce qu'ils fixent l'azote atmosphérique, quelquefois même en quantité surabondante. Et pourtant, l'emploi du purin et du fumier donnent des résultats remarquables. On explique ce fait en disant que l'azote atmosphérique fixé tend à s'accumuler dans les débris organiques. Il n'est donc assimilable qu'après nitrification. Or, dans les sols des herbages, généralement argileux, froids, mal aérés, cette nitrification est très lente et produit peu d'effet. Au contraire, les engrais nitriques, ammoniacaux, le purin, ou le fumier épandus en couverture fournissent des nitrates immédiatement assimilables et donc d'un effet très marqué.

L'aspect extérieur de l'herbe, développement plus abondant, couleur vert glauque n'est pas aux dépens de sa qualité. Bien au contraire, la proportion de protéine augmente. C'est la conclusion d'une expérience faite à Gembloux (Belgique) par M. Nicolas. (1)

De même un herbager de la Thiérache nous disait qu'il obtenait plus de lait dans les herbages où il avait apporté du fumier ou 200 kilos de nitrate que dans ceux ayant reçu des engrais phospho-potassiques.

Mais M. Nicolas remarque que si les mauvaises herbes avaient disparu des parcelles fumées à l'engrais azoté, les légumineuses avaient été complètement étouffées par la végétation luxuriante des graminées. Mais le fait ne l'alarme pas parce que le foin obtenu est plus riche en albuminè que les foins ordinaires de légumineuses. De même, Lawes et Gilbert ont constaté « que les sels ammoniacaux seuls forcent la proportion et le nombre des graminées, à l'exclusion presque complète des légumineuses et au détriment des autres plantes. » (2) Mais par contre, la proportion de protéïne du foin est de 8,82 % dans la parcelle fumée aux engrais phospho-potassiques et de 10,39 % dans celle fumée aux sels ammoniacaux.

C'est parfait pour les herbages humides. Mais s'il n'y avait plus de légumineuses dans ceux de Brocourt, il n'y aurait plus de végétation en été. Mais ne désespérons pas : d'après les observations faites à la station de Hohenheim (Allemagne) (3) il résulte que les herbages recevant des engrais azotés : 250 kilogrammes de sulfate d'ammoniaque par are (4) ont un gazon où domine le ray-grass mais où « il y a aussi un abondant et vigoureux trèfle blanc. »

De même des expériences analogues faites par la

(1) Voir le N° du 15 Mai 1927 du *Journal d'Agriculture Pratique* : J. Charron : prairies à grands rendements. Hautes fumures.

(2) Garola. Engrais. La pratique de la fumure page 242.

(3) Voir le N° du 1er Janvier 1927, *Journal d'Agriculture Pratique.* J. Charron : la fumure azotée des prairies naturelles et pâturages.

(4) L'acre vaut 40 ares 46.

« British sulphateof ammonia fédération » (1) permettent
d'observer que, « le trèfle a été plutôt renforcé qu'éliminé. »
Quelles conclusions l'agriculteur peut-il en tirer ?

Les conclusions de Rothamsted et de Gembloux d'une
part, et celles de Hohenheim et de Meck Court d'autre
part sont donc en contradiction.

Remarquons cependant que dans les premières l'herbe
est fauchée et seulement pâturée en arrière-saison. Au
contraire, dans les deuxièmes, l'herbe est normalement
pâturée et fauchée quand elle « pousse » trop le bétail.
Serait-il permis de conclure que le régime de consommation influe à ce point sur la flore ?

Enfin, la nitrification n'a pas été l'objet d'observations
dans ces diverses expériences.

Comme nous le disions au début, l'azote fixée dans les
débris organiques ne trouve généralement pas un milieu
favorable pour nitrifier. Cette action est tout juste suffisante dans les terres de culture constamment travaillées et
aérées. Il serait donc intéressant d'observer l'effet de sca-
rifiages très vigoureux et de tous travaux propres à favoriser la nitrification avant de tirer des conclusions solides.

De même, l'emploi des engrais potassiques est quelquefois discuté. La potasse en effet donne de la raideur aux
tiges, prévient la verse, mais l'herbe est trop dure et est
moins appréciée.

La fumure de l'herbage est donc extrêmement difficile à
bien conduire et doit être basée sur une observation fidèle,
une longue pratique permettant d'apprécier l'herbe produite et consommée, sa qualité, la valeur de la flore, les
éléments exportés par un bétail dont l'effectif et les besoins sont variés.

Aussi la fumure ci-dessous n'a rien d'immuable. Elle

(1) Voir le N° du 1er Janvier 1927, *Journal d'Agriculture Pratique*.
J. Charron : la fumure azotée des prairies naturelles et pâturages.

essaie de tenir compte des si nombreux facteurs mis en jeu.

Tous les 3 ans :

    1re année : scories ou phosphates naturels à 15 % d'anhydride phosphorique .... 1.000 kilos

    2e année : sylvinite 20/22........ 1.200 »

    3e année : purin (1)............. 2.000 »

Ces divers engrais seront évidemment épandus en hiver et toujours bien avant la première pousse de l'herbe. Quand l'effet du marnage primitif aura disparu, il faudra chauler de temps en temps.

Enfin tous les ans, nous expérimenterons les engrais azotés. Le nitrate ne semble pas faire prédominer les graminées comme les sels ammoniacaux, d'après Lawes et Gilbert. En été, l'urée a des avantages spéciaux dont la cause est encore inconnue selon les expériences allemandes. Les cours de l'année nous indiquent l'engrais à choisir. Nous pourrons distribuer environ 50 kilos d'azote par hectare, dont la moitié au départ de la végétation et le reste quand on laisse reposer l'herbage au cours de la saison. Cette dose sera diminuée pour les herbages ayant reçu du purin.

Mais encore une fois, une observation attentive pourra seule diriger la pratique de la fumure, car il ne faut pas « forcer la nature » et « on ne trompe pas la terre », dit un sage proverbe.

---

(1) Nous pourrons compter sur une production annuelle de 360.000 litres de purin. La moitié, produite en hiver sera réservée aux herbages ; le reste servira à arroser le fumier en été, ou sera épandu sur les terres de minette destinées à porter du moha.

§ 10. Entretien de l'herbage

Quelques façons d'entretien viendront compléter l'action fertilisante des engrais. La plus importante de toutes sera un scarifiage hivernal fait avec un régénérateur dont les coutres très tranchants découperont le guéret sans le déplacer. (1)

L'aération des couches profondes en activera la microbiologie et mettra ainsi plus d'azote assimilable à la disposition de l'herbage.

Un hersage énergique complètera heureusement cette façon. La distribution des engrais aura évidemment précédé ces travaux culturaux.

Enfin, au moment du départ de la végétation, un roulage pourra être utile pour raffermir le sol et provoquer le tallage.

Le passage du troupeau de moutons au début du printemps aura le même effet que l'écimage des blés : il renforcera les collets et les tigelles des plantes provoquant une végétation plus étalée et plus touffue.

Nous ne négligerons pas non plus les étaupinages, non plus que les ébousinages et ce, d'autant plus que l'herbage est plus productif, plus chargé de bétail, et plus vite sali.

Avec les fumures prévues et ces façons d'entretien, nous sommes assurés d'avoir des herbages très productifs et à peu près exempts de plantes adventices.

(1) L'emploi du revivificateur de prairies de la Société du Saut du Tarn ameublit beaucoup le sous sol, aère largement le système radiculaire des plantes, mais en déplaçant latéralement la prairie, il coupe toutes les racines. Cette action n'est pas sans danger pour les herbages ne disposant pas d'une grande humidité en été. Cet appareil ne saurait être utilisé ici.

CHAPITRE VI

—

Bétail

—

I. — LES CHEVAUX

§ 1er Choix d'un Moteur

Pour effectuer les divers travaux de culture et de récolte, les charrois, il faut de puissants moteurs. Nous avons
dit ce que nous pensions des moteurs inanimés pour le
domaine de Brocourt. Il ne reste guère en compétition
parmi les moteurs animés que le cheval ou le bœuf.

Le bœuf est rarement utilisé dans cette région du Vermandois. Nous ne trouvons pas de motif suffisant pour
l'adopter. Au contraire, diverses raisons l'excluent :

1° Il ne semble guère économique de le produire sur
place. Les races bovines qui sont les mieux adaptées à ce
milieu naturel ne sont pas des races de travail. Néanmoins,
on pourrait élever les Charolais, par exemple, nous avons
mentionné plus haut l'existence d'un élevage de cette race,

mais dont les produits sont destinés à la boucherie. Pour que la production du bœuf de travail soit économique, il faut posséder des herbages de valeur vénale peu élevée ; si l'on nourrit à l'étable même avec des résidus, la croissance de l'animal est trop grevée par les frais de main-d'œuvre.

Le bœuf de boucherie met déjà trop longtemps à croître pour que sa production constitue une spéculation rémunératrice ici. Ce n'est pas pour attendre plus longtemps encore la mise en service du bœuf de travail.

Quant à acheter des bœufs adultes, nous avons vu que ce n'était pas une spéculation d'avenir. Les cours des foires du Nivernais, toujours en hausse, vérifient cette façon de penser. Le prix d'achat est d'ailleurs le facteur qui grève le plus le prix de revient du travail du bœuf. D'après de nombreux comptes comparatifs que nous avons fait au cours de nos années d'école, nous avons généralement constaté que le prix de revient de la journée de travail d'une attelée de bœufs était au moins égal à celui d'une attelée de chevaux.

2° La nourriture économique des bœufs concurremment à celle des vaches laitières et des moutons, spéculations bien adaptées à la situation du domaine, nécessiterait une plus grande production de foin et de paille. L'assolement ne permet pas cette modification.

3° Le terrain est accidenté et les efforts variables en intensité. Ce n'est pas que le bœuf ne soit capable de les fournir mais ils conviennent moins bien à sa traction lente et régulière. De même, si la culture de la betterave exige des labours profonds, des débardages pénibles de fumier ou de betteraves, la nature du sol exige qu'il soit « pris à temps » et que toutes les façons culturales soient menées rapidement pendant un nombre de jours relativement court.

4° Pour employer le bœuf, il faudrait des bouviers. La

chose n'est pas impossible, mais difficile parce que cette catégorie d'ouvriers n'existe pas sur place. Quant à faire conduire des bœufs par un charretier..... inutile d'y songer.

C'est donc le cheval qui servira de moteur. Les populations chevalines du Nord de la France se partagent en trois races : Boulonnaise, Ardennaise et Trait du Nord. Chacune est adaptée à des milieux bien définis.

Au Trait du Nord, convient à merveille cette excellente terre de limon. Tous les auteurs et tous les éleveurs sont unanimes à reconnaître que les plaines limoneuses du Brabançon Belge sont le berceau de la race dont l'aire d'expansion s'est étendue dans toutes les plaines semblables. Le cheval de trait Belge en passant la frontière prit le nom de Trait du Nord.

Déjà bien avant la guerre, sa propagation était fort avancée et on le produisait sur place. Le Cambrésis avait constitué de beaux élevages. M. Ennuyer, après 15 années de travail, avait formé une écurie d'une homogénéité remarquable et de toute première valeur. Le service de réquisition ennemi le savait bien et envoya en Allemagne des reproducteurs que leur valeur avait fait épargner par la réquisition française.

Mais la tourmente n'a pas fait oublier les qualités de cette race décimée. Avec le concours des chevaux Belges, les écuries se reconstituent.

On peut même ajouter que de nouvelles écuries se sont constituées. L'extension du Trait du Nord se poursuit dans toutes les régions de culture voisines. Dans l'Oise notamment, nous avons constaté, surtout dans les fermes betteravières que cette race y était très appréciée parce que d'une conduite très facile, qualité imposée par la médiocrité des charretiers, d'un entretien très commode, et douée d'une puissance de travail considérable fournie avec une douceur et une constance sans égale.

En somme, le cheval de Trait du Nord, est le seul animal

de travail adapté au milieu et susceptible d'être produit avantageusement. Ce sont là ses deux plus belles qualités, celles-là même qui résolvent le problème de la production par la ferme de son bétail nécessaire.

§ 2. Reconstitution de la Cavalerie et conduite des Spéculations Chevalines

Au lendemain de la guerre il fallut immédiatement des chevaux de travail. L'écurie fut constituée d'éléments assez disparates, fournis soit par le Service de l'Etat : chevaux allemands, anglais, assez quelconques, soit par des maquignons : par Salomon Wolff, de Paris, si bien qu'en septembre 1919, quand les tracteurs de l'Etat eurent fini de défricher la plaine, elle comptait déjà 15 colliers.

Ce n'était pas le moment de faire de l'élevage, mais notons tout de suite que M. Ennuyer avait déjà ce projet en tête et que dans ses achats, il recherchait des poulinières. L'une d'entre elles fut payée 8.000 francs à cette époque.

Quand les besoins les plus urgents furent ainsi satisfaits, M. Ennuyer prépara activement l'avenir et compléta sa cavalerie par des achats de juments en Belgique, dont plusieurs de grande valeur sont dignes de former une belle tête d'écurie.

Après le concours de Bruxelles en 1922, où se manifestait la renaissance du cheval de Trait Belge, M. Ennuyer porta son choix sur le 2° prix des chevaux de 2 ans « Intru de Biezet » pour la coquette somme de 65.000 francs ; il assurait ainsi l'avenir de son élevage. Intru pèse environ 875 kilos et il est remarquable de construction et de proportion. Sa charpente est très développée, se manifeste par une grande largeur des canons dans le sens de l'échine et soutient une masse courte et trapue sans intestin excessif. Sa hauteur au garot est de 1 mètre 67.

A un dehors plein de promesses correspondent ses qualités de maître raceur. Toutes ses qualités et surtout ses membres impeccables sont transmis. Il possède évidemment la carte rose et une prime annuelle de 1.400 francs.

Il va sans dire que tous les reproducteurs sont inscrits au Stud-Book.

Une si belle cavalerie fournit un travail considérable. Avec ces animaux, rien à craindre du lymphatisme dont on accuse parfois la race. Ce défaut n'appartient qu'aux sujets plus ou moins dégénérés issus de croisements plus ou moins risqués. Le premier rôle de la cavalerie est donc de fournir des kilogrammètres. Le second, de par la nature de ses éléments, c'est de se renouveler elle-même. Cette méthode permet d'abaisser considérablement le prix de revient de la journée de travail. D'après une moyenne des multiples comptes que nous avons faits au cours de nos visites de fermes, nous pouvons conclure que les prix de revient de la journée de travail du cheval sont entre eux comme 7, 8, 9 et 10 selon que l'on renouvelle l'écurie par l'élevage, par l'achat de laiterons, de poulains de 18 mois ou de chevaux adultes.

Mais pour remplir ce rôle, les reproducteurs n'auraient nul besoin d'être d'une telle classe. Les étalons de la station de monte de Saint-Quentin seraient suffisants.

Si l'on a constitué une si belle tête d'écurie c'est pour se livrer à une spéculation supplémentaire qui double ce bétail de travail d'un bétail de rente. L'écurie produira l'élément nécessaire à son renouvellement et en outre des produits de choix qui seront vendus soit pour la reproduction, soit uniquement pour le travail. On se débarrassera des premiers autant que possible vers 18 mois, à un âge où il est plus facile de les apprécier. Ceux qui de suite ne seront reconnus aptes qu'au travail, pourront être vendus à 6 ou 18 mois. Vendus à 6 mois, ils déchargeront les herbages et diminueront la multiplicité des spéculations, mais d'autre part, la vente à 18 mois permet de réaliser un bénéfice important et à peu près assuré à partir du sevrage, les risques et la surveillance étant très diminués. Il en est de même du capital : la valeur de la poulinière n'est pas engagée, tandis que le prix de vente du poulain double entre 6 et 18 mois. Certains agriculteurs, possédant des prairies, et se trouvant à proximité des régions demandant des chevaux de travail, ont compris l'intérêt de cette dernière spéculation et s'y adonnent avec succès. Nous tâcherons aussi d'en profiter dans la mesure où les ressources fourragères et la production des herbages nous le permettront.

L'âge de réforme des poulinières sera évidemment très variable et en rapport direct avec les qualités de leur produit. Les chevaux hongres seront vendus vers 5 ans au moment où ils possèdent leur valeur maxima, nous réserverons donc quelques poulains pour prévoir ce remplacement.

Les spéculations chevalines peuvent être de gros rapport mais sous certaines conditions très strictes : choix de reproducteur, ménagement dans les travaux et qualité de la main-d'œuvre, alimentation saine et copieuse, tant à l'écurie qu'à l'herbage, stricte observation des principes d'hygiène et d'élevage surtout en ce qui concerne le sevrage. Nous verrons plus loin l'exécution de ces conditions de réussite.

La production du cheval de gros trait est-elle une spéculation d'avenir ?

Tous les facteurs qui font la valeur de cette production semblent l'indiquer.

En 1926, nous avions déjà comblé plus de la moitié des pertes infligées par la guerre, de sorte que l'effectif chevalin correspond à celui de 1862. Nous remarquons que depuis 1862, les chemins de fer se sont singulièrement organisés et qu'il roule 7 millions de bicyclettes et 1 million de véhicules automobiles. Ces derniers ont le tort de consommer l'essence étrangère tandis que le cheval se contente d'avoine et de fourrage, produits nationaux.

L'accroissement du rendement et de la qualité du cheval n'a donc pas fait diminuer son effectif.

Les débouchés ont varié et le cheval de culture de gros trait est de plus en plus demandé tant dans le pays qu'à l'étranger, pour le travail et pour la reproduction. L'armée a besoin de gros camionneurs. Les manœuvres de Lorraine ont montré que l'artillerie attelée avait toujours sa place à côté de l'artillerie portée sur camions et tirée par tracteur.

Le congrès de l'utilisation rationnelle du cheval a mis aussi en relief l'évolution à donner à notre élevage chevalin : produire le gros trait.

Et sans vouloir atteindre la susceptibilité d'aucun éleveur, nous pouvons dire que le Trait du Nord est à la tête des races de gros trait. On attend beaucoup de lui parce qu'il est lourd : par là, il a l'avantage sur les autres races qui cherchent « à s'alourdir » comme l'Ardennaise et la Bretonne ; et l'infusion de son sang permettra de réaliser cette évolution.

Voici d'ailleurs une des conclusions de l'ouvrage du docteur vétérinaire Coton sur « Le Cheval des mines de houille. » (1)

« Il existe dans nos mines de houille, une puissante cavalerie composée d'éléments de grand prix.

L'élevage français à part celui de la race de Trait du Nord, dans la mesure de ses ressources et de sa produc-

(1) Dans cet important travail, l'auteur conclut que dans les mines de houille, le prix de revient de la traction animée est nettement inférieure à celui de la traction mécanique, et qu'il peut être encore considérablement abaissé.

tion, ne paraît pas susceptible de produire actuellement le cheval industriel bréviligne hypermétrique que nous cherchons. »

« Par la fusion du sang Belge et l'abandon des types légers, vers lesquels on avait orienté la production, la race bretonne est parfaitement capable de répondre à la demande de ce que nous dénommons « le cheval industriel. » Demande qui trouve actuellement si difficilement sa contre partie. » Voilà bien définis deux débouchés de notre élevage voisin de ces mines de houille.

§ 3. Élevage

Nous donnons ici quelques principes d'élevage qui ont pour nous le mérite d'avoir été recueillis sur le vif et de constituer les principaux éléments de succès des spéculations chevalines.

Le choix des reproducteurs est la condition initiale et principale de tout élevage. C'est le premier et le plus important facteur de réussite. Aussi a-t-il fallu à M. Ennuyer, beaucoup de connaissance du bétail et de perfection dans le jugement pour reconstituer ces dernières années la base de son cheptel.

Le choix de l'étalon est évidemment encore plus délicat que celui des juments, puisque la qualité de tous les produits dépend du même père.

A ce sujet, il nous souvient d'une des doctrines si compétentes de notre regretté maître en hippologie M. Planeix, dont nous avons eu le bonheur d'écouter les dernières leçons :

« Il faut que le choix de l'étalon, disait-il, soit avant tout « rationnel et de nature à relever ou perfectionner les

« produits d'une poulinière, d'une famille chevaline ou la
« race trop imparfaite d'une contrée. Ce choix doit être
« judicieux, très éclairé et constamment guidé par une
« notion suffisamment exacte de ce qu'est réellement le
« meilleur modèle dans sa conformation et ses aptitudes. »

Pour suivre ses conseils, il nous faut d'abord savoir dans quelle classe de société chevaline nous allons chercher l'entier. Est-ce uniquement dans l'étincellement aristocratique des concours, ou au sein d'une vénérable famille dont les aïeux ont su prouver leurs qualités et dont les enfants ne trahissent pas les mérites de leurs pères.

Dans les concours et surtout dans celui combien réputé de Bruxelles, les prix sont décernés avec une compétence indéniable, et c'est à peine si les éleveurs vraiment impartiaux peuvent établir, chacun en particulier, un classement quelque peu différent.

Mais il est regrettable que la préparation des sujets soit poussée, au-delà des limites de l'honnêteté professionnelle, pourrait-on dire quelquefois. Certes, il est tout naturel qu'un animal de concours soit légèrement gras, avantageusement pansé et habillé, mais certains procédés, tels que les tapotements de maillet sur les canons, les injections d'essence de moutarde, etc... employés la veille de la présentation afin de grossir les membres, les articulations, devraient être rigoureusement bannis.

L'éleveur qui va à un concours afin de se faire une appréciation sur la valeur de tels sujets susceptibles d'achat, ne devra donc pas se laisser leurrer par ces procédés ni avoir de déception, lorsqu'il ira les revoir dans leurs écuries après le concours.

D'autre part, il ne faut pas oublier que le jury de concours ne classant les concurrents que sur leur seule conformation, l'importance attachée au prix d'ensemble est souvent insuffisante et quelquefois peu probante. Cela tient aux défectuosités des règlements de concours.

A ce point de vue il serait bon de prendre modèle sur le règlement des concours annuels de la race ovine du Larzac à la Cavalerie (Aveyron). Il oblige en effet à présenter au moins les deux tiers du troupeau et non pas un petit lot de bêtes de choix trop soigneusement préparées.

Cette disposition a l'avantage d'estimer la valeur de tout l'élevage, ce qui n'empêche pas d'établir un classement individuel ensuite.

Ainsi donc, les concours peuvent fournir d'utiles renseignements sur le choix des sujets susceptibles d'achat, si l'on sait se mettre en garde contre les subterfuges. Mais ils sont insuffisants parce que d'abord, le classement ne tient pas compte de la généalogie des sujets ni de leur qualité de raceurs s'ils se sont déjà reproduits et parce qu'enfin tous les bons sujets ne sont pas à priori présentés dans les concours.

Il faut donc se tenir au courant des productions des meilleurs élevages ; il ne sera pas difficile de découvrir alors les bons sujets.

En tous cas, il faut être bien persuadé que les qualités familiales sont un facteur au moins aussi important que les qualités individuelles. Et, si le sujet a déjà procréé, on assure pour soi le nouvel avantage combien précieux, de connaître d'après sa descendance, ses qualités de raceur. La valeur monnayable en sera évidemment accrue, mais le capital à investir sera grevé de beaucoup moins de risques.

Il faut se mettre en garde contre l'étalon jeune, individuellement le mieux doué, ou de l'étalon de concours le plus brillant dont la filiation est médiocre, douteuse ou inconnue. De préférence à de semblables sujets, il est beaucoup plus rationnel de ne livrer ses juments qu'à un entier aux dehors moins captivants, ayant peut être passé inaperçu dans les concours, mais ayant pour lui le témoignage de ses ascendants et descendants. On peut remarquer fréquemment l'influence qu'exerce sur un sujet la qualité de la grand'mère paternelle. Une bonne jument peut donner un mauvais raceur ; mais s'il a une belle conformation, il est fréquent de trouver dans ses fils des sujets bien bâtis et doués de grandes qualités de raceur.

Voici donc étudiées les qualités extrinsèques que doivent posséder les animaux reproducteurs de choix, c'est-à-dire celles qui dépendent du milieu zootechnique dans lequel vit l'animal.

Voyons maintenant les qualités intrinsèques à exiger de l'individu. L'examen de l'individualité d'un animal est toujours question fort délicate.

Ici, plus que dans tout autre cas, il faut la résoudre avec beaucoup de méthode, avoir toujours en tête une représentation aussi exacte que possible du type idéal et, en examinant chacune des parties du cheval, les rapporter immédiatement à celles de ce type, afin de les pouvoir juger avec le maximum de justesse.

Sur un cheval Trait du Nord, le premier examen à faire est celui des membres. Pour les services qu'il est appelé à remplir, ce cheval doit d'abord être pourvu d'une forte charpente, irréprochable, surtout dans les colonnes de soutien.

Il y a lieu d'examiner dans ces colonnes : les os, les pieds, la musculature et les aplombs. Il faut évidemment rechercher les qualités communes à tout bon cheval, telles que la rectitude des aplombs, la qualité de la corne, la conformation des sabots, etc... mais d'une manière toute spéciale la puissance des canons, la largeur des boulets et la sécheresse des articulations.

Quelques tares accidentelles peuvent-elles être tolérées ? Non, car si elles ne sont pas héréditaires, il y aura du moins toujours lieu de craindre une certaine prédisposition des descendants à se tarer.

L'importance qu'il faut attacher à la perfection des dessous est telle, que si ce premier examen n'est pas satisfaisant, il est inutile de pousser plus avant les investigations. Si, au contraire, ils ont permis de juger favorablement, on peut continuer par l'examen des autres régions.

On vérifie si elles sont en harmonie avec les membres, si l'ampleur de l'appareil respiratoire permet à l'individu d'utiliser ses forces au maximum, si le rein est court, si l'animal est trapu, près de terre.

Il faut en effet se mettre en garde contre le « gros » et ne l'accepter que si la charpente est en harmonie.

Dans un élevage, il faut se préoccuper d'abord de créer des sujets bien charpentés, et c'est seulement lorsque l'on est certain de ce premier résultat qu'on peut les « grossir », augmenter le format général. L'alimentation aura d'ailleurs une grande influence sur ce point.

Il faut terminer l'examen spécial des régions de l'animal en recherchant si toutes ont bien les caractères de la race, et aussi étudier la bonne organisation des organes sexuels. Nous n'insisterons pas sur ces deux points, de crainte de ne faire que des considérations de zootechnie générale.

Après cette longue et minutieuse analyse, on recule de quelques pas et l'on fait un rapide examen synthétique ; c'est alors que, si l'animal est vraiment de qualité, l'on se sent pénétré de l'harmonieuse connexion de toutes ses parties et de toutes les caractéristiques qui font la silhouette du Trait du Nord, rien que du trapu et du massif, fait d'un squelette puissant sur lequel s'insèrent des masses musculaires très développées.

On complète cette synthèse en faisant marcher et trotter le cheval. Sa vigueur et son énergie doivent le permettre, à l'allure au trot, des foulées tout à fait remarquables et celle au pas doit faire ressortir sa qualité de tracteur merveilleusement équilibré, développant par sa masse et son influx nerveux le maximum de puissance et d'aisance.

Quand la distinction s'ajoute à toutes les qualités précédemment recherchées, l'idéal est bien près d'être atteint.

Mais elle n'est pas indispensable, surtout chez l'étalon ; et si l'ossature, la musculature et les qualités de raceur sont satisfaisantes, il y a lieu de se montrer indulgent, car le but recherché de produire d'excellents poulains, peut être également bien atteint.

En outre, chez la jument, on s'attachera tout particulièrement à l'ampleur de la poitrine et de l'arrière-main. L'allure générale d'ailleurs, décèle immédiatement la jument taillée en poulinière. Elle a toujours peu d'air sous le ventre et possède un coffre puissant lui permettant de nourrir abondamment son poulain.

Mais il faut lui demander les caractères de son sexe : finesse et distinction.

. . . .

En principe, chaque fois qu'une jument manifeste des chaleurs, on lui présente le cheval. Mais pratiquement, la monte n'a lieu que depuis février jusqu'à fin juillet : On a ainsi l'avantage d'obtenir les sujets pendant la belle saison, il est alors plus facile et plus économique de les élever.

Pendant cette période, l'étalon est évidemment alimenté copieusement, mais on a toujours soin de le rafraîchir par des fourrages verts ; il est facile d'en prélever sur les chariots qui en amènent tous les jours à la ferme pour la vacherie.

On évite le surmenage du cheval en ne lui faisant pas faire plus d'une saillie par jour et en ne lui faisant emplir que 50 à 60 juments par an. (On consent en effet, la saillie aux juments des éleveurs voisins, moyennant la modique prime de cent francs).

Pendant la fin de l'été, il répare, s'il y a lieu, ses forces et à partir de septembre on le fait travailler de temps en temps, surtout pour les charrois, en le plaçant sous verge dans la seule attelée uniquement composée de hongres.

La jument est toujours présentée le neuvième jour qui

suit sa parturition puis tous les 21 jours, jusqu'à ce qu'elle refuse le cheval.

Rien de particulier à signaler pour la monte, si ce n'est que, aussitôt l'accouplement terminé, l'on asperge d'eau l'arrière train de la jument ; elle reprend immédiatement son régime normal.

Une cavalerie, dont toutes les attelées, sauf une, contiennent des juments appelées à pouliner une année ou l'autre, exige de bons charretiers.

Aussi M. Ennuyer est-il très exigeant sur ce point : il n'hésite pas d'ailleurs à prendre en mains propres une attelée pour apprendre à un valet la bonne façon de démarrer un chariot sur une fumière, par exemple.

C'est là la bonne manière, car pour obtenir d'eux un bon travail, il faut être capable de le faire mieux qu'eux.

Faisons aussi remarquer qu'il n'existe pas de tombereaux, que tous les transports se font en chariot, dont le timon est assez bas, pour ne pas venir frapper le ventre des animaux. Par là, on évite certainement quelques avortements.

Si une jument a des coliques, on veille attentivement à ce qu'elle ne se roule pas : sinon il se produit souvent une torsion de la matrice, d'où une parturition bien aléatoire.

Les juments dont l'époque du part approche, sont l'objet d'une surveillance plus étroite.

On veille à ce que leur nourriture soit plus rafraîchissante : on leur donne dans l'avoine 40 à 50 grammes de bicarbonate de soude.

Il faut en effet nourrir abondamment sous un volume réduit, pour que l'appareil digestif n'exerce pas de pression fâcheuse sur le foetus.

D'autre part, il ne faut pas donner d'aliments échauffants, pour que le méconium remplissant les intestins du nouveau né soit moins consistant et plus facilement expulsé sous l'influence du colostrum.

La jument est employée à des travaux légers jusqu'aux derniers jours de la gestation, car un exercice modéré est toujours favorable à une facile parturition.

Lorsque le part est imminent, la jument est placée dans un box et veillée.

Nous n'insisterons pas sur la technique de la parturition et des premiers soins à donner aux poulains ; ce sont des questions d'ordre trop général.

Donnons cependant une opinion sur la technique de l'asepsie du cordon ombilical, si souvent mal pratiquée et cause de nombreux cas de mortalité : Après avoir désinfecté la section du cordon avec de la teinture d'iode, le meilleur pansement est l'application de goudron de Norvège qui obstrue mécaniquement la plaie pendant les quelques jours de la cicatrisation. Cette méthode est certainement préférable à celle du bandage ventral qui a l'inconvénient de pouvoir être défait par le poulain et de permettre alors l'accès des microbes pathogènes.

En cas d'avortement, la jument reçoit des injections d'eau bouillie permanganatée, une purge au sulfate de soude et pendant plusieurs jours du bicarbonate de soude.

La délivrance dans les 24 heures est surveillée. Dès que l'on a des craintes pour une bonne issue, le vétérinaire est appelé et pratique, s'il y a lieu, la délivrance artificielle. Il ne faut pas oublier, en effet, qu'une jument peut être à jamais perdue pour l'élevage, si elle a mal délivré. Certains cas peuvent être mortels.

Le poulain, passant brusquement du sein de sa mère dans un milieu relativement très froid, on a soin de lui ménager l'écart minimum de température. Il faut, en effet, lui éviter une trop grande perte de calories qui devront être reconstituées aux dépends des éléments nutritifs, des hydrocarbures surtout dont il a grand besoin pour son développement.

La poulinière retirée de l'attelée reste avec son rejeton

dans un box. Mais au bout de peu de temps, une ou deux semaines, la plupart des mise-bas ayant lieu en avril et mai, la température permet généralement la mise à la prairie.

C'est bien le meilleur régime pour l'élevage et le plus favorable à l'allaitement naturel. Et d'autre part, l'allaitement naturel du poulain est dicté par les conditions zootechniques et zooéconomiques.

Si le nombre des juments parturiantes dégarnit trop les attelées, on peut les remettre à un travail modéré, une quinzaine de jours après le part. Le poulain tête alors à 5, 8, 12, 16 et 19 heures. Cela fait des allées et venues fréquentes, aussi ne fait-on travailler ces juments qu'aux environs immédiats de la ferme.

Comme le travail diminue toujours la sécrétion lactée, on a soin de laisser à l'herbage les poulinières ayant été montées le neuvième jour de leur part et présentées pleines et celles nourrissant un poulain chétif ou, au contraire, doué de qualités remarquables qui permettent l'espoir en un reproducteur d'élite.

Les signes les plus caractéristiques de ces qualités sont, chez le poulain de Trait du Nord, la grosseur des canons et de toutes les articulations et la distance qui sépare les épaules. Si sur un poulain de cinq mois et moins, on ne peut toucher ensemble les pointes supérieures des épaules avec le pouce et le médium, en plaçant la main sur le garrot, on peut être assuré d'obtenir sauf accident d'élevage, un animal muni d'un coffre pulmonaire puissant.

Le sevrage est une opération d'une importance capitale pour la qualité du sujet à obtenir.

En effet, des irrégularités dans l'alimentation du poulain arrivé à cette époque critique ont une influence désastreuse sur sa croissance et les conséquences s'en font sentir sur son développement ultérieur. A fortiori, le sevrage de poulains destinés à la reproduction devra-t-il être conduit avec méthode. C'est aussi une question délicate parce qu'il faut répondre sans erreur aux exigences physiologiques du poulain. En effet, une alimentation uniquement lactée devient vite insuffisante. D'autre part, une alimentation solide ne doit pas être distribuée avant que l'organisme ne soit en état d'en profiter. Et cette adaptation ne se faisant pas du jour au lendemain, il faut que le sevrage soit progressif.

Pour cela, le poulain s'habituera, sans jamais y être contraint, aux éléments solides. Les besoins de son organisme se manifesteront d'ailleurs à lui lorsque la production lactée dont il dispose diminuera.

Aussi le meilleur régime est-il au point de vue zootechnique, comme au point de vue zooéconomique, de laisser le poulain avec sa mère à l'herbage. C'est donc là encore un avantage de ce régime que nous préconisons tout à l'heure.

De cette façon, le jeune imite sa mère, apprend à brouter l'herbe, à mastiquer, gauchement d'abord, l'avoine et les fourrages verts que celle-ci reçoit.

Il est alors facile d'alimenter le poulain au sevrage. Cette opération ne commence jamais avant le cinquième mois. Si l'on y était contraint plus tôt, accidentellement, il faudrait nourrir le poulain avec du lait de vache coupé, contenant des farineux, avec des barbotages et non avec des grains, car à cet âge, ses molaires ne sont pas encore sorties.

Mais habituellement, le sevrage n'a lieu que le sixième mois et n'est définitif souvent qu'au septième. A cette époque, la jument a repris le collier, et si la saison est froide, le poulain est rentré au box.

Les têtées, au nombre de trois, sont réduites à deux pendant une quinzaine de jours, puis à une pendant autant de temps. On termine le sevrage par des têtées espacées de un, puis de deux jours.

De la lactation de la poulinière dépend aussi le sevrage. Il faut donc la surveiller afin d'en permettre la plus grande régularité. Si la jument a une lactation de longue durée, il faut s'en réjouir et en faire profiter le poulain le plus possible. Mais en général, le travail et la nouvelle gestation ont tôt fait de tarir la sécrétion.

A ce moment le poulain reçoit une ration substantielle, soit par exemple :

Avoine concassée.. 2 kgs

Aliment mélassé... 0 kg. 500

et si l'herbage est mal garni :

Luzerne en vert.... 10 kgs 000

Cette nourriture fournit une notable quantité de chaux et d'anhydride phosphorique. La luzerne verte de deuxième ou troisième coupe est excellente, on en donne jusqu'au 1er ou 15 octobre ; après, on la remplace par du foin de première qualité de seconde coupe, parce que plus tendre et à raison de 3 kgs.

Le poulain arrivé à cette époque de sa vie peut désormais se passer du concours de sa mère.

L'écourtage est indispensable pour des chevaux de culture. De plus, la queue courte fait partie de la physionomie du Trait du Nord et fait paraître les muscles de l'arrière-main encore plus développés et l'allure générale plus trapue.

Cette amputation peut se faire à n'importe quel âge. On la pratique généralement quand le dernier né a une quinzaine de jours, mais on peut encore l'effectuer au moment du sevrage.

On laisse un moignon de 15 centimètres environ.

Les poulains ayant passé leur premier hiver à la ferme, on les remet à l'herbage dès le mois de mai. Ils y restent tout l'été et le plus tard possible en saison.

On les habitue à la présence de l'homme, à donner le pied, etc...

On leur fait parer les sabots, au moins une fois. Ceux-ci pourraient, en effet, se déformer par un séjour prolongé à l'herbage, et il est important que le Trait du Nord ait de beaux et bons sabots.

Cette opération a lieu en dehors des gros travaux, lorsqu'on dispose d'un personnel suffisant pendant une journée, pour capturer les poulains et leur tenir les pieds.

C'est aussi le moment où l'on fait la castration pour certains sujets qui n'ont pas les qualités requises pour devenir étalons. Le vétérinaire fait cette amputation.

Quand l'hiver revient avec ses rigueurs, les poulains sont rentrés de nouveau dans une spacieuse étable où ils peuvent circuler à l'aise.

Au printemps, ils prennent deux ans ; on les remet encore quelques moments à l'herbage, puis on les rentre le plus souvent à l'écurie, au milieu des chevaux de travail.

On leur ferre les pieds antérieurs. Dès ce moment, il est bon de les faire travailler légèrement et de temps en temps; on met ainsi en pratique une méthode zootechnique de toute première valeur. Ses effets peuvent être considérables, c'est à elle que l'on doit le trotteur, par exemple. Mais pour le cas présent, on se borne à des travaux légers qui activent la respiration, la nutrition, toutes les grandes fonctions qui stimuleront la croissance de tout l'organisme.

Ce n'est qu'à partir de deux ans que les poulains fournissent un travail régulier.

Le dressage est des plus faciles, parce que les poulains et les pouliches ont vécu quelque temps à l'écurie, sont bien habitués à la main et à la voix de l'homme et aussi à la présence de leurs congénères.

De plus, on les aura garni quelquefois avec beaucoup de douceur.

Il n'importe plus que de mettre ces jeunes bêtes entre les mains d'un charretier habile.

Le poulain est d'abord placé dans les attelées à côté du

cheval de cordeau. De cette façon, il apprend à travailler sans avoir à fournir de grands efforts, comme les chevaux de verge qui ont, en outre, à retenir le chariot en descente ou en reculant.

Ce n'est qu'après que le poulain est bien dressé et complètement développé, qu'il est vraiment devenu un cheval adulte, qu'on lui choisit dans l'attelée la place qui convient le mieux à ses aptitudes.

Les étalons peuvent commencer la monte dès la troisième année. Pour les juments, il est préférable d'attendre la quatrième.

La conduite de l'élevage a d'étroites relations avec la distribution du bétail. Il faut un effectif un peu plus important que celui d'une écurie normale, pour compenser le repos des poulinières. Sur 35 têtes, on compte actuellement une quinzaine de poulinières, mais cette proportion sera accrue peu à peu, l'élevage prendra plus d'extension, surtout quand les herbages seront créés, car il y aura diminution de travail et un milieu plus favorable au sevrage et à la croissance des jeunes.

Les gros travaux d'automne nécessitent la naissance du poulain au printemps. A cette époque, il n'y a pas d'inconvénients à dégarnir les attelées qui sont normalement de cinq têtes. Ce nombre permet aussi d'établir un roulement de repos pendant les travaux ne nécessitant que des attelées de 3 ou 4 chevaux.

Enfin, le tracteur vient en aide aux poulinières pour préparer les semis de betteraves. Ces travaux superficiels lui conviennent parfaitement. De même, il est d'un secours important pour déchaumer de bonne heure à une époque où les poulinières sont suitées et où le reste de la cavalerie est occupé aux charrois, moissons et deuxièmes coupes.

La moisson n'est pas ici le travail le plus pénible comme on le pense généralement, c'est le débardage des betteraves dont la difficulté est si variable selon les conditions climatériques du moment, et là le tracteur n'est d'aucun secours. Cette récolte des betteraves a souvent pour effet de précipiter le sevrage des poulains plus qu'on ne le voudrait.

Entre l'élevage et le travail, il y a évidemment un antagonisme marqué et c'est à l'agriculteur à savoir dans quel sens et jusqu'où il doit consentir les sacrifices.

§ 4. **Alimentation**

L'alimentation est un facteur important dans l'élevage chevalin, d'abord au point de vue économique : un cheval mange annuellement une somme équivalente à sa valeur marchande ; puis au point de vue zootechnique, car de sa qualité, de son abondance, du discernement apporté à sa distribution dépendent en grande partie la précocité des produits, les qualités et le rendement productif des adultes. Les effets d'une bonne alimentation ne sont pas tous immédiats, mais à une échéance plus ou moins prochaine, ils sont tangibles. C'est la qualité de l'alimentation d'ailleurs, corrélative de la culture, qui a transformé certaines races, les exemples en sont nombreux en France.

Si donc nous faisons de l'élevage, nous avons double raison pour soigner l'alimentation, car nous en tirerons double profit, d'abord par les animaux présents, ensuite par les animaux à venir.

Notre tâche sera singulièrement facilitée par toutes les études de notre époque sur les besoins alimentaires des animaux. Mais ces études sont une arme à double tranchant : il faut savoir en user avec mesure, et ne pas vouloir déterminer au gramme près les éléments d'une ration. Cette précision que des théoriciens croyaient avoir acquis, a été démentie dans la pratique. Il vaut mieux écouter les conseils de M. Gonin quand il ne veut voir dans le rationnement que la recherche d'un ordre de grandeur. Là encore, c'est l'observation qui l'emporte sur la formule mathématique.

Les rations que nous donnons ci-dessous n'ont pas d'autre mérite que de correspondre dans la pratique à un ordre de grandeur et à un juste équilibre établi sur l'ensemble des animaux et une longue période.

Voici le type de la ration moyenne des chevaux :

		Protéine digest.	Valeur amidon
Foin de luzerne.......	12 kgs	1.164	2.688
Paille alimentaire	3 »	6	345
Mélasse 1,5............		81	720
Paillette de lin 1,5....	3 »	21	265
Avoine	8 »	640	4.776
		1.912	8.794

D'après les travaux de Gonin, un cheval de 750 kgs, soumis à un travail moyen exige :

Protéine 1.131
Valeur amidon.......... 8.500

Cette ration parait évidemment très forte, surtout en protéine, mais nous ne pouvons guère l'attaquer car elle donne pleine satisfaction : n'est-ce pas le critérium de l'alimentation ?

La quantité de protéine dépasse notablement les besoins qu'exigent l'entretien et la production du travail. Mais ce déséquilibre tient à la composition du foin de luzerne. Si on le remplaçait seulement par 10 kgs de foin de pré, la ration contiendrait 1.300 de protéine et 9.500 de valeur amidon, elle serait ainsi bien équilibrée, mais la production d'un tel foin ne serait pas économique ici. D'autre part l'excès de protéine n'est pas nuisible et retourne à la terre. Les pertes au cours de ce cycle sont évidemment le plus gros inconvénient.

L'emploi des aliments mélassés depuis la guerre a donné d'excellents résultats, ils tiennent les animaux en parfait état.

Enfin, rappelons que ces chevaux sont de gros producteurs de force, que les périodes de chômage sont très rares, même au cours de l'hiver et du printemps et que la gestation et l'allaitement exigent des restitutions progressives et à longue échéance. Et puis « le bon cheval est dans le coffre à avoine » comme disent les éleveurs anglais.

Au moment des charrois de betteraves, la quantité d'aliments concentrés est encore augmentée, puis après ces travaux elle redevient normale, et l'on supprime les aliments mélassés pour donner 10 kgs de betteraves le soir.

L'emploi des fourrages verts n'est pas toujours recommandable, les troubles digestifs sont assez fréquents. Aussi n'en donne-t-on, et toujours en mélange avec du foin qu'au moment où la récolte de l'année précédente touche à sa fin.

La ration des poulains âgés de 6 à 12 mois, pesant aux environs de 300 kgs est de :

		Protéine digest.	Valeur amidon
Foin de luzerne	5 kgs	485	1,120
Paille alimentaire	1 »	3	143
Avoine	3 »	240	1.800
Betteraves	7 »	84	700
		812	3.763

Ou bien :

Foin, paille avoine,

même poids		728	3.063
Aliment mélassé	1 kg.	33	328
		761	3.391

Quantité bien en rapport avec les normes de Gonin :

Protéine 660

Valeur amidon 3.700

L'équilibre de cette ration tient à ce que l'animal en croissance a besoin de plus de protéine que l'adulte, et que le foin de luzérne lui convient parfaitement.

Entre 12 et 18 mois les poulains sont à l'herbage. L'herbe abondante est une nourriture parfaite, riche en protéine. Mais généralement, on donne un supplément d'avoine, variable avec l'état de l'herbage : 2 à 5 kgs.

Pendant leur second hiver, les poulains reçoivent :

		Protéine digest.	Valeur amidon
Foin de luzerne.........	8 kgs	776	1.892
Paille	2 »	4	230
Avoine	6 »	480	3.600
		1.260	5.722

Les poulains de 600 kgs ont besoin, toujours d'après Gonin :

Protéine 900

Valeur amidon......... 5.500

L'excès de protéine s'accentue au fur et à mesure de la croissance, puisqu'on distribue toujours du foin de luzerne. La ration peut contenir également des betteraves et des éléments mélassés.

Comme conclusion, nous dirons que M. Ennuyer n'hésite pas à sacrifier beaucoup pour donner à son élevage une valeur maximum. Tous les grands éleveurs en sont là, et le succès vient couronner leurs efforts.

Mais les aliments ont une très grande valeur, et il y a lieu de mettre en pratique tous les procédés de préparation évitant le gaspillage et augmentant la digestibilité. Nous voulons parler surtout du hachage des foins. Habituellement, et c'est le cas à Brocourt, on garnit le râtelier de foin; mais pour 12 kgs que l'on veut faire consommer, combien faut-il en mettre ? 14, 15 et plus encore. Les chevaux, surtout par temps de mouches, gaspillent beaucoup de fourrage.

Le hachage des fourrages est le remède efficace. M. Ennuyer l'employait déjà avant-guerre et estime l'économie de foin à 25 %. Des pesées précises faites dans une étable italienne (1) ont déterminé un gaspillage de 15 %. La valeur du fourrage compense et au delà le supplément de travail, comme le montre le compte suivant :

Pour 23 têtes de bétail, on économise par an, pour 5.900 francs de fourrage, en mettant celui-ci à 35 francs le quintal.

Les dépenses sont de, si on hache 292 kgs de foins en 25 minutes :

Energie électrique à 0,60 le kgwatt.......	0,25
Main-d'œuvre à 1,80 l'heure..............	0,75
Réparation et aiguisage : 0,10 par quintal de foin	0,25
Amortissement de la machine, 2.600 sur 4.000 quintaux	1,60
Dépense quotidienne...	2,85
Dépense annuelle .... 1.040 fr.	
Economies annuelles ..... 4.859 fr.	

(1) Les résultats des expériences faites par le Professeur Dossa dans la ferme du Commandeur Carlo Giaconnelli di Maser ont été publiés en septembre 1926 dans la *Revista di Zootecnia*.

Le fourrage haché est distribué dans des auges profondes de 10 centimètres. Pour éviter rigoureusement toute perte, on place sur l'auge une sorte de petit ratelier horizontal, de telle sorte que le cheval ne peut pas la « balayer », et sa capacité s'en trouve augmentée.

Aucun tri n'est possible, de cette façon on peut faire consommer les fourrages médiocres et la paille en les mélant avec de la tendre luzerne et même avec des aliments mélassés. Cette méthode permet aussi un mélange progressif et judicieux des fourrages secs et verts, ce qui évite bien des accidents. Mais d'autre part, les chevaux ne peuvent plus éliminer les plantes toxiques : il ne faut donc hacher que des foins de bonne qualité, ce qui est le cas ici. En outre, hachés, les fourrages ont une plus grande surface et capacité d'absorption des sucs digestifs, ils sont donc plus assimilables. Gaspillage extérieur et gaspillage intérieur sont ainsi grandement diminués. L'hygiène est améliorée : plus de poussières secouées au-dessus de la tête du cheval. Enfin la position du cheval mangeant au ratelier est supprimée, plus de dos ensellés.

Cette méthode a vraiment trop d'avantages pour être abandonnée, surtout dans le nouveau système de culture où nous avons besoin de toutes les ressources fourragères possibles. L'installation de l'électricité permettra d'en réaliser la pratique journalière.

Elle pourrait même être appliquée aux litières, leur surface d'absorption est multipliée par 10 ou 12 et la fermentation du fumier est meilleure. Les expériences italiennes ont montré qu'il suffirait de 85 kgs de litière hachée, là où il en fallait 150 d'entière.

Le concassage de l'avoine sera également fait avec avantage parce qu'il augmente la digestibilité et peut ainsi entraîner une diminution des rations. Inutile d'insister sur cette préparation qui est faite couramment.

Deux mots cependant : le concassage est préférable à

l'aplatissage, parce que le grain est mâché davantage et partant plus insalivé. Mais il faut distribuer une avoine concassée le jour même, sinon l'avénine, l'alcaloïde de l'avoine et ses propriétés stimulantes disparaissent.

La boisson laissée à la discrétion des chevaux est également une excellente, chose, un régulateur de la digestion. Quand il s'agit de poulinières, les excès de boisson sont plus funestes encore, et les abreuvoirs automatiques sont le remède efficace.

Toutes ces petites améliorations ne sont pas à négliger. C'est leur multiplicité qui facilite le travail si âpre de l'éleveur. Ils entrent évidemment en compte dans le prix de revient du poulain et dans celui de la journée de travail du cheval, nous regrettons de ne pouvoir dire dans quelle proportion, car dans un élevage de reproducteurs, le travail est si complexe et les bénéfices sont le résultat de mises de fonds souvent si lointaines que l'établissement d'un prix de revient ne peut être établi avec quelque précision par nous.

II. — **LES BOVINS**

§ 1. Spéculation et constitution du troupeau

Dans une ferme aussi proche d'une ville que l'est Brocourt de Saint-Quentin, la spéculation laitière est toute indiquée. Les prix de vente du lait sont bien bas à notre époque, mais enfin les débouchés sont assurés, et les vacheries les plus proches des villes sont encore les moins mal partagées ; nous ne parlons ici que de vacheries produisant le lait de consommation directe.

On peut envisager la constitution du troupeau de laitières sous diverses manières :

1° Achat de vaches fraîchement vêlées. C'est la méthode des nourriceurs des grandes villes. Mais de telles vaches, des « Parisiennes » ne peuvent s'acheter qu'à un prix élevé, et ce système oblige à un perpétuel renouvellement.

2° Achat de vaches pleines de 5 mois, ou fraîchement vêlées et castrées dès la mise bas. C'est la méthode suisse, qui prolonge la lactation pendant 16 mois et plus, avec un rendement soutenu, et facilite l'engraissement. Elle offre un peu de risques, mais au total est plus intéressante.

3° Constitution d'un troupeau qui se renouvelle par l'élevage. C'est la méthode la plus répandue, la plus indépendante, et quand elle est pratiquée de façon rationnelle dans le milieu qui lui convient, c'est la plus rémunératrice. De plus, les élèves constituent un nouveau profit très intéressant, surtout quand le lait se vend trop bon marché. Selon la qualité du troupeau, on peut vendre les jeunes mâles pour la reproduction à un prix rémunérateur.

Le développement industriel, la concentration de la population dans les riches départements du Nord ont depuis longtemps contribué au développement de telles vacheries. Les éleveurs ont été stimulés par les débouchés et se sont appliqués à produire plus de lait.

La race Hollandaise, éminement laitière, s'implantait timidement dans le Nord de la France vers le milieu du siècle dernier. M. Dumont, Professeur d'Agriculture à Cambrai entre 1900 et 1914, fit beaucoup pour l'amélioration du bétail, particulièrement dans son arrondissement, et indirectement dans les régions voisines par des voyages en Hollande, des achats de reproducteurs d'élite, la mise en pratique de méthodes de sélection.

A la veille de la guerre, le troupeau hollandais comptait en France environ 200.000 têtes. Une grande partie fut anéantie, l'élevage de M. Ennuyer subit le même sort.

Aussitôt après la guerre s'organisa la reconstitution du cheptel, et les régions libérées reçurent du bétail récupéré en Belgique, acheté en Allemagne, généralement d'assez médiocre valeur. En 1919, M. Ennuyer eut une quinzaine de génisses venant du Luxembourg, de race Holstein Frise, moins amples que celles de la race des Polders, mais de qualité acceptable. Puis, en 1921, des achats importants furent faits en Hollande : M. Ennuyer constitua la base de son élevage avec des animaux de première qualité, tous inscrits au Herd-Book néerlandais (1). Il importa des environs de Leuwarden, la meilleure région d'élevage de la race Pie-noire : 2 taureaux, 34 vaches et 14 génisses. Nombreux furent les éleveurs qui firent ainsi. Ces voyages en Hollande eurent aussi le mérite de faire mieux connaître aux éleveurs français, tout ce que leurs collègues Hollandais étaient capables de tirer de la race pie-noire : augmentation de la production lactée, du taux butyreux,

(1) Herd Book Néerlandais : Nederlandsch Rundvee Stambock (NRS).

amélioration des formes par une sélection judicieuse, établie d'après les mensurations, puis d'après le contrôle laitier (à partir de 1895), l'emploi prolongé du taureau « préfèrent » (1).

La race hollandaise se répand peu à peu dans diverses régions de France, mais nulle part ailleurs que dans nos départements du Nord son élevage n'y approche tant de la perfection. Aussi les vacheries de cette région constituent une pépinière de qualité où l'on vient puiser des reproducteurs. Les acheteurs sont les éleveurs des zones de pénétration de la race : Ardennes, Moselle, environs de Metz et de Thionville, Bordelais, Sud-Ouest et même l'Aveyron, et les petits cultivateurs des plaines du Nord ; tous ceux qui préfèrent acheter des animaux déjà acclimater en France ou dont les moyens ne leur permettent pas l'achat en Hollande.

Les taureaux d'élevage français ont plus de valeur qu'on ne le pense parfois. Pour une vacherie de reproduction, on fait des sacrifices importants, on achète en Hollande des taureaux de toute première qualité ; la sélection appliquée à partir des femelles importées est rigoureuse et la race se conserve très pure ; d'autre part l'adaptation se poursuit de jour en jour et les jeunes issus d'une telle famille sont généralement plus avantageux pour l'éleveur français que des animaux achetés en Hollande à un prix égal.

M. Ennuyer est donc en mesure de produire et du lait et des animaux reproducteurs. Ce mode d'exploitation d'une vacherie est le plus rémunérateur. Comme d'autre part il a résolu d'augmenter le cheptel, il est normal de déve-

---

(1) Un taureau est préférent quand sa descendance comprend des femelles très laitières et des mâles ayant transmis eux-mêmes leurs qualités laitières à un nombre de descendants fixé par les membres du NRS.

Un taureau préférent est donc toujours un taureau âgé.

lopper cette spéculation jusque sur la base de 58 vaches et 2 taureaux. A cet effet, toutes les génisses sont élevées. Heureusement cette année, les vêles sont nombreuses, alors qu'il y avait beaucoup plus de veaux mâles l'année dernière. L'effectif pourra être complété par achats en Hollande ; le ministère de l'agriculture donne maintenant des autorisations spéciales aux éleveurs dont les références permettent d'espérer qu'ils contribueront à l'amélioration de la race Hollandaise en France.

Les taureaux sont régulièrement achetés dans le pays d'origine à des prix élevés : 15 à 20.000 francs.

§ 2. Élevage

Le taureau entre en service vers 18 mois, à un âge où son développement est suffisant pour ne pas être interrompu. Il est réformé après 2 ou 3 ans et vendu à la boucherie. De cette façon, il ne saillit pas ses filles, n'est ni lourd, ni méchant. Mais par contre, on n'a pas le temps de juger de sa qualité de raceur et de transmission d'aptitudes laitières. C'est évidemment un tort, et un bon taureau devrait être conservé le plus longtemps possible ; certains préconisent même un peu de consanguinité (1). Mais il ne faut pas qu'il devienne méchant : on obtient ce résultat par le travail. Il ne faut pas qu'il devienne lourd ; nous avons vu chez M. Ennuyer un taureau pesant 1.350 kgs lors de son abatage. Il est évident que ce poids interdit à peu près la saillie. Enfin il faut entretenir ses désirs génésiques par une alimentation excitante.

L'âge de la reproduction des génisses est l'objet de dis-

(1) Monsieur Leduc, de Quiévy.

cussions entre éleveurs : 15 à 16 mois en Hollande, 18 à 20 mois (le premier vêlage étant suivi d'une nouvelle saillie ou d'un repos de 8 à 10 mois), ou 2 ans et même 2 ans 1/2. Chacune de ces méthodes se défend, sauf celle de la saillie à 18 mois sans repos après le vêlage. Il faut adopter celle qui convient à certaines conditions de l'élevage. Il semble que la saillie vers 2 ans est préférable si nos pâtures ne sont pas trop grasses et si nos génisses n'y prennent pas trop d'embonpoint. Sinon nous ferons saillir à 18 mois, mais nous laisserons la bête se reposer après le vêlage. De cette façon, nous éviterons l'infécondité due à l'embonpoint et la mamelle sera soumise de bonne heure à une excellente gymnastique fonctionnelle.

On réforme les vaches après 3 ou 4 veaux, comme « Parisiennes », terme impropre, car on ne vend pas aux nourriceurs de Paris, mais à ceux de Lille, Roubaix, Tourcoing. On livre des femelles pleines de 8 mois 1/2 pour vêler en novembre ou décembre, tandis que pour Paris on livre après vêlage. Cette dernière spéculation est préférable pour un éleveur qui vend ses produits comme reproducteurs, et on tâchera de faire accepter ce mode. Le prix de vente moyen était de 5.000 francs en 1926, il est tombé maintenant à 4.000 francs.

Certaines femelles de grande valeur sont conservées le plus longtemps possible : c'est une mévente avantageuse pour l'avenir.

L'engraissement des bovins est exceptionnel, on ne le pratique que pour les sujets dépréciés accidentellement.

De préférence, les vêlages ont lieu en hiver, on profite des cours du lait les plus élevés, et le sevrage du veau se fait au printemps, à l'herbe.

Le régime alimentaire du jeune veau, son sevrage, tout cela constitue un sujet facile à développer. Sans insister sur ce lieu commun, nous tenons cependant à noter comment le veau est alimenté à Brocourt; car ce point délicat et si souvent négligé, permet de juger un élevage.

On évite au jeune tout arrêt de croissance et on ne lui ménage pas la qualité. Ces principes sont maintenant répandus dans tous les bons élevages, et à un tel point que le défaut contraire, la suralimentation s'y rencontre fréquemment. Le veau trop abondamment nourri, tel un animal de boucherie, s'engraisse rapidement, et le sevrage, aussi progressif soit-il suffit pour lui faire perdre sa graisse, on s'aperçoit, mais un peu tard, que le veau n'a pas fait du muscle, mais du gras, d'où retard et arrêt de croissance, funestes à son avenir.

A Brocourt, on obtient d'excellents résultats en donnant longtemps du lait pur et à la dose journalière croissante de 6 litres à la fin de la première semaine, à 10 litres à 6 ou 8 semaines. Les repas sont toujours donnés tièdes et trois fois par jour, au moins au début, ce qui est facile, car les vaches fraîchement vélées sont toujours traites 3 fois par jour. De 2 à 4 mois, on ajoute de plus en plus d'eau au lait, jusqu'à en doubler le volume.

Le sevrage se fait au quatrième mois, par diminution progressive du lait pur et addition de succédanés, mouture d'avoine, de lin, d'orge, etc... suivant les cours du moment, mais on veille toujours à la qualité, et à l'emploi d'un aliment rafraîchissant de concert avec un aliment échauffant. Les tourteaux sont quelquefois dangereux pour les veaux.

En 10 à 15 jours, le sevrage est terminé. Il est très facile, si l'on peut mettre le veau à l'herbage aussitôt, car l'alimentation reste naturelle. En tout cas, vers 2 mois, on met à la disposition du veau un peu de foin, de provende de betterave, ou de fourrages verts, tout cela de première qualité et en quantité réduite, pour ne pas provoquer une hypertrophie de l'appareil digestif, mais simplement pour accoutumer le jeune animal aux aliments solides et préparer ainsi le sevrage.

Voici exposé le cas général du sevrage. Mais pour certains sujets qui font beaucoup espérer d'eux, pour les mâles que l'on destine à la reproduction, on prend encore plus de soins ; en particulier, le sevrage est retardé jusqu'à six mois.

L'alimentation depuis le sevrage jusqu'à l'état adulte est très facile. Deux régimes : en été herbage et en hiver ration à base de betteraves et de foin, car il faut toujours rechercher la qualité ; une ration de pailles et de pulpes ne serait pas à recommander ici.

De 12 à 18 mois environ, quand les bêtes sont à l'étable pendant l'hiver, on leur donne :

> Provende de betteraves ...　20 à 40 kgs
> Foin de luzerne..........　　4 à 5 kgs
> Paille à discrétion.

Aussitôt que la température le permet, on les remet à l'herbage, en leur apportant des suppléments de nourriture s'il y a lieu. Puis, à l'automne elles sont saillies en liberté. Pendant les froids, on les rentre de nouveau : elles ont la nourriture des vaches, non compris les tourteaux.

Enfin elles passent la fin de leur gestation à l'herbage, où mieux sur la fumière. Comme celle-ci doit toujours être garnie d'animaux, on y place de préférence les génisses pleines. De cette façon la surveillance est constante, et les gestantes jouissent d'une liberté tout à fait profitable.

§ 3. Alimentation

L'alimentation des bovins est assez spéciale ici, du fait que les vaches restent toute l'année en stabulation. Pour les mettre en prairies pendant l'été, il faudrait en créer beaucoup trop, et l'opération ne nous semble pas économique. Nous ne créons de prairies qu'autant qu'elles sont indispensables à l'élevage et donc à l'activité de nos spéculations animales. Mais des vaches hollandaises s'accomodent bien de la stabulation permanente. Les prairies artificielles produisent ici beaucoup plus de nourriture que les herbages et sont nécessaires à l'assolement, c'est à elles que nous demandons la nourriture des vaches. Deux modes de consommation : au piquet ou à l'étable. Le premier procédé, très pratiqué dans le Pays de Caux est impossible avec des vaches hollandaises : ces animaux s'accomodent mal des variations climatériques : alternance de froid et de chaleur, orages qui jettent la perturbation dans la lactation, etc... D'autre part, les déplacements de la main-d'œuvre, les transports d'eau, de lait, le changement de place des piquets sont très onéreux.

Au contraire, à l'étable : alimentation et production laitière très régulières, pas de difficultés de main-d'œuvre et surtout production intensive de fumier qui compense le transport journalier des fourrages verts et fumier dont on peut disposer au mieux des intérêts de l'assolement, à une époque où se perd le bénéfice du stock organique amassé par les légumineuses. Ce dernier point a une grosse importance ici : le fumier est notre principale préoccupation. Cet ensemble d'avantages vaut bien une dépense un peu plus élevée, d'ailleurs récupérée par une exploitation plus intensive des terres de culture.

En pratique, le régime d'été commence vers le 25 juin avec le trèfle violet ; et on distribue successivement la deuxième coupe de luzerne, la deuxième coupe de trèfle, la troisième coupe de luzerne. On arrive ainsi jusqu'au milieu de septembre. Pour attendre la distribution des fanes de betteraves, on donne du moha obtenu en culture dérobée après minette. La ration de fourrages verts est en moyenne de 60 kgs, quantité qui est satisfaisante, M. Ennuyer l'a constaté depuis longtemps.

On alimente le plus longtemps possible les vaches avec des fanes et collets de betteraves. C'est une nourriture extrêmement économique et cependant peu employée parce qu'elle a contre elle certains préjugés. Le maïs fourrage est à tort mieux accrédité. Ainsi Vivien (1) a constaté que des vaches dont la ration avait pour base des feuilles de betteraves produisaient un lait plus butyreux que celui de vaches nourries au maïs. Et l'expérience était faite sur des Hollandaises et une Jerseyaise.

Cette alimentation provoque la diarrhée, disent certains. Oui, au début, comme chaque fois que l'on met un animal au vert, mais nous avons toujours constaté qu'après quelques jours les bouses sont redevenues normales.

Nous continuerons donc à user de cet aliment avec profit, sans négliger cependant l'emploi des tourteaux et des aliments grossiers pour stimuler la rumination. La majorité des troubles apportés par l'emploi des fanes provient de leur emploi exclusif dans l'alimentation, elles sont trop aqueuses et ne peuvent assurer une bonne marche de la rumination. Mélées à des aliments grossiers, ligneux qui constituent l' « ossature » des repas, cet inconvénient disparaît.

On économisera ainsi les pulpes. De plus, comme toutes les fanes ne pourront être consommées en vert, nous ensilerons le supplément avec la pulpe. Cette méthode, très pratiquée en Allemagne, préconisée par M. Saillard dès 1911 dans une de ses conférences à la Société Industrielle de Saint-Quentin et de l'Aisne, puis par M. Hitier, se répand de plus en plus pendant les années de disette.

(1) Voir *Progrès Agricole* du 26 Septembre 1926, page 604. Le rédacteur ajoute : « En admettant que l'influence de l'alimentation aux feuilles de betteraves sur la pauvreté du lait, existe, elle ne saurait être que très passagère. »

Point n'est besoin d'attendre ce cas de force majeure. Utilisons au mieux de nos intérêts un sous-produit si abondant sur nos terres.

Cet ensilage de fanes et pulpes constituera la base de l'alimentation jusqu'au retour du trèfle. Les betteraves demi-sucrières sont réservées aux élèves ; agneaux et chevaux. La pulpe comme aliment des laitières a aussi ses détracteurs ; mais il n'en est pas moins vrai qu'avec quelques soins de conservation la pulpe constitue une nourriture fort intéressante et sans inconvénients, bien au contraire, sur la production lactée.

A ce propos, il y a manière et manière d'ensiler. Au point de vue hygiénique, l'emploi du lacto-pulpe est excellent ; mais il laisse perdre beaucoup d'éléments nutritifs comme l'ensilage ordinaire. M. Boullenger, de Moyenneville nous a donné des précisions sur ce que nous préconisons maintenant : le mélange de paille à la pulpe, en ensilant (1). La paille qui absorbe 2,2 fois son poids d'eau permet de récupérer tout le bouillon qui s'échappe d'un silo, bouillon dont la valeur nutritive vaut les 2/3 de celle de la pulpe et dont la proportion de matières protéiques est sensiblement égale. M. Boullenger récupère 25 % du poids des pulpes par l'adjonction de 11,5 % de paille. Mais sa pulpe de distillerie est très humide, la nôtre l'est moins : 10 % de paille seront grandement suffisant. On augmente ainsi les nourritures en pulpe de 22 %.

Les fanes et collets seront ensilés avec la pulpe par lits alternés, mais ne nécessiteront pas de supplément de paille. De plus, on salera ces divers mélanges à raison de 2,5 kgs de sel dénaturé par tonne. Si l'on joint à tout cela le lacto-pulpe, on est assuré d'avoir un mélange nutritif de toute première qualité avec le minimum de perte.

---

(1) Fermes où on ensile pailles et pulpes : Ferme de Moyenneville (Oise). Ferme de Champagne. Domaine de Villers-en-Vexin. Ferme de Boutencourt (dans cette dernière, luzerne et pulpe).

Pratiquement, cet ensilage exige de bonnes fosses maçonnées, et l'emploi d'un hache paille, le même qui nous servira au hachage des fourrages des animaux.

Voici donc les bases de l'alimentation des laitières : fourrages verts, fanes et collets et pulpes de betteraves. Examinons leurs proportions dans les rations. Elles sont variables avec la qualité des aliments, la capacité et la production de chaque animal : c'est là le travail du vacher. Mais chaque ration se rattache à un type moyen dans lequel les pulpes ne constituent pas une masse énorme et dangereuse pour la rumination. 50 à 60 kgs sont suffisants, surtout si l'on a égard à la qualité de l'aliment.

Les aliments grossiers, pailles et foins sont nécessaires pour activer la rumination. Mais le foin fait quelquefois défaut. Nous ferons effort pour que les vaches en consomment régulièrement pendant le régime d'hiver : il fournit une quantité de protéïne indispensable à cette époque. L'augmentation des luzernières et les économies à réaliser par le hachage nous permettront d'améliorer l'alimentation à ce point de vue.

On fait également usage des tourteaux. Ils sont tout indiqués pour des vaches grandes laitières. Ces dernières années, en raison des cours élevés, on les avait remplacé par des moutures d'orge. Mais ce remplacement n'est pas économique et crée un déficit protéique comme on peut le voir en comparant la composition de ces aliments. Aussi fait-on de nouveau grand usage de tourteaux, toutes précautions gardées d'ailleurs : par exemple mélange en parties égales des tourteaux de lin et d'arachides.

Voici une ration type pour une vache de 600 kgs donnant 15 litres de lait par jour :

		Matières protéiques	Valeur amidon
Pulpes	50 kgs	250	3.250
Menues pailles..	5 »	70	1.215
Foin, luzerne... (hachés).	4 »	388	896
Paille avoine... (hachée)	2 »	26	340
Tourteau lin...	1 »	288	718
« arachides	1 »	400	757
		1.422	7.176

Chiffres qui sont du même ordre de grandeur que ceux donnés par M. Gonin pour le cas présent :

    Matières protéiques.......... 1.410
    Valeur amidon 7.660

en estimant que la production d'un litre de lait exige :

    Matières protéiques ...... 70 grs.
    Valeur amidon............ 300 grs.

La quantité de tourteaux est essentiellement réglée par la production laitière, en remarquant cependant que pendant le plus fort de la lactation, après le vélage, on ne s'attache pas à combler dans la ration le déficit protéique, quitte à distribuer plus longtemps et en excès du tourteau quand la bête donnera peu de lait, ceci afin de faire une économie et d'éviter une fièvre de lait et le surmenage. Le régime des fourrages verts, très riches en protéïne, permet aux vaches de reconstituer des réserves importantes de cet élément, car à cette époque, elles sont pour la plupart en fin de lactation.

La boisson se trouve dans des bacs, à l'intérieur de l'étable. De cette façon, l'eau est toujours à bonne température. Les animaux constamment en stabulation et ayant donc perdu leur rusticité du jeune âge courraient de trop grands risques à aller boire froid au dehors.

Pour augmenter encore le rendement en lait par rapport aux unitées nutritives dépensées, on envisage l'installation d'une chaudière pour la distribution de buvées d'eau chaude contenant des tourteaux, des moutures. Cette méthode donne d'excellents résultats en hiver.

§ 4. Les produits de la Vacherie

La production du lait est tout à fait remarquable, tant en quantité qu'en qualité. Le contrôle laitier s'exerce évidemment sur la vacherie. Le rendement annuel moyen de chaque vache oscille entre 4.500 et 5.000 litres de lait, chiffres qui ressortent également de la vente journalière du lait.

Le taux butyreux est également très élevé ; il dépasse 40 %. Ces résultats sont fort encourageants et il faut veiller à leur conservation pendant l'accroissement de l'effectif des laitières et continuer malgré tout une sélection sévère.

Malheureusement le lait ne se vend pas à un prix ajusté aux conditions économiques de l'agriculture. Pris à la ferme par un laitier de Saint-Quentin, il est payé 1 franc en hiver, 0 fr. 90 au printemps, 0 fr. 80 en été.

La vente des reproducteurs devient très intéressante, maintenant que l'élevage de M. Ennuyer est bien au point et connu. A quel âge faut-il vendre les mâles ? Ce n'est pas une question à se poser, il faut vendre aussitôt que l'on a sérieuse proposition, et en général, le plus tôt est le mieux. Un taureau de 18 mois se vend toujours plus difficilement, car le client préfère acheter un veau, l'élever et n'avoir pas à payer ainsi des frais d'élevage grevés du bénéfice normal du naisseur.

M. Ennuyer vend ses veaux destinés à la reproduction le plus tôt possible et à un prix très intéressant : 700 à 750 francs un sujet âgé de 8 jours à 3 mois.

Les veaux impropres à la reproduction ne sont pas vendus à 8 jours, comme cela se pratique dans les environs de Paris, mais engraissés sommairement pendant un mois et vendus, pesant 60 à 70 kilos, à raison de 6 francs le kilo vif.

Actuellement, il n'y aura guère de génisses à vendre, mais quand le troupeau aura atteint son effectif normal, on peut prévoir un roulement de bétail comme celui-ci :

58 vaches donnent 27 vêles et 27 veaux.

2 vêles et 10 veaux sont vendus à la boucherie.

12 veaux sont vendus comme reproducteurs à 14 mois.

5 veaux sont vendus comme reproducteurs de 12 à 18 mois.

5 vêles sont vendues comme génisses amouillantes.

20 renouvellent les réformes.

17 réformes sont vendues comme Parisiennes.

3 réformes sont vendues comme vaches grasses.

2 taureaux sont renouvelés par achat.

III. — **LES MOUTONS**

1. La question ovine

Les chevaux et les bovins ne suffisent pas encore pour fournir tout le fumier nécessaire. Pour combler cette lacune par un cheptel indigène, on a deux moyens au moins : augmenter la vacherie d'environ 25 laitières, ou créer un troupeau ovin.

La première solution a bien des inconvénients : les bovins seraient en nombre considérable : 85 adultes et tous les élèves, affluence qui constitue un danger de plus en plus grand au point de vue sanitaire et au point de vue économique en cas de chute des cours.

Au contraire, l'exploitation d'un troupeau de moutons répartit mieux les risques, la spécialisation excessive est évitée, la nourriture est plus économique parce que prise sur place pendant plusieurs mois. Quant au « fien de berbis, » c'est ce qui se fait de mieux dans le genre, vous diront les paysans picards.

Mais les moutons sont-ils à leur place ici ? On ne discute pas de leur utilité dans les pays de grand parcours de montagnes, de landes, mais ces situations disparaissent de plus en plus au fur et à mesure de la fertilité, justement créée par les moutons. Ses ennemis diront qu'il n'est pas d'un rendement économique dans une ferme de culture intensive, qu'en raison de sa surface corporelle, il consomme plus que les autres animaux, relativement à son poids, que personne n'achète les bas morceaux : la poitrine, le suif, que l'engraissement rapide lui donne une mauvaise viande, sauf sur les prés salés, bref qu'il mange de l'argent, au cours actuel des denrées.

Eh bien non ! le mouton est l'animal de toutes les situations parce que partout où il y a de l'invendu et de l'invendable, il est seul à pouvoir en tirer parti. Dans la Lande, c'est lui le premier agent de pénétration ; dans une ferme de motoculture, c'est encore lui le premier à marcher derrière le tracteur ; dans une ferme d'élevage c'est lui qui trouve sa nourriture parmi les refus et les déchets que n'acceptent pas les bovins ou équidés. A Brocourt, le mouton sera à sa place : il broutera les minettes, les chaumes, les troisièmes coupes, les fanes de betteraves, les refus, etc... qu'il serait impossible de récolter en totalité. La nourriture d'été des vaches est déjà trop onéreuse par ses charrois quotidiens, pour que nous ne profitions pas de la facilité que nous donne l'alimentation du mouton.

Les débouchés existent toujours : la ville de Saint-Quentin ne dispose pas de toute la viande de mouton qu'elle désire, et pas un brin de laine n'est perdu par nos filatures. Mais quand on voit que « le boucher paie à la ferme le mouton sur le pied de 5 francs le kilo vif, qu'on vend le gigot sur celui de 10 francs la livre et le reste à l'avenant, les bas morceaux se réduisant à la poitrine, les cuirs rasons à 8,20 le kilo, ceux en laine à 8,80 et les suifs pour fabriquer les chandelles introuvables à n'importe quel prix sur le pied de 310 francs les 100 kilos. » (1) on comprend que le moutonnier subit là un sort injuste et qu'un réajustement des cours est nécessaire pour faire revivre le mouton chez nous, mouton qui est un puissant élément de richesse et de prospérité dans l'intérêt du pays, de l'industrie, du commerce et des ouvriers du textile, de

______

(1) *La Vie à la Campagne*. Volume XLVII. Les moutons qui paient, page 20.

l'éleveur et de sa culture. L'agriculture française est liée au développement de son cheptel.

On peut donc « faire du mouton partout, mais pas partout de la même manière. » De quelle manière en ferons-nous ici : ce sera d'abord un élevage complémentaire, mais ce sera un *élevage* pour que ce soit une spéculation d'avenir. Cet élevage sera possible parce que nos plaines limoneuses reposant sur la craie sont très saines ; depuis longtemps la Picardie est une plaine à moutons. Les moutons picards ont disparu parce qu'ils étaient trop imparfaits pour soutenir la concurrence des races modernes et perfectionnées ; puis la guerre l'a décimé complètement. Mais maintenant le mouton revient, c'est un mouton singulièrement amélioré, plus exigeant, c'est entendu, mais adapté parfaitement aux ressources d'une plaine si fertile (1), et que l'on engraisse facilement sur place.

2. Constitution et conduite du troupeau

Pour constituer un troupeau, il nous faut d'abord choisir une des multiples races qui peuplent notre pays. Heureusement notre choix est guidé par les conditions naturelles, sol et climat, et économiques du milieu.

Sur notre terre de limon fertile, aux ressources fourragères abondantes et riches, une race précoce de grande taille, à grand rendement en viande est toute indiquée.

Le mouton choisi devra s'accommoder d'une certaine

(1) Cette restauration du troupeau ovin est très nette dans la région Vermandoise, si bien que des éleveurs sont déjà en mesure de fournir des reproducteurs de premier choix. Ce sont par exemple pour la race Ile-de-France : MM. Sébline à Montescourt et Nervilly à Sarry, près Saint-Quentin.

humidité atmosphérique et donc ne pas avoir une toison trop fournie, difficile à sécher.

Il y a lieu ensuite d'étudier les débouchés qui détermineront certaines conditions. Tout d'abord nous élèverons un mouton à deux fins. La spécialisation en mouton à laine ou en mouton à viande n'est plus du domaine de la Métropole ; elle ne s'explique plus que dans l'élevage extensif pratiqué dans les pays neufs.

La production de l'antenais de boucherie est également impossible ici ; elle est à réserver aux races tardives des régions pauvres.

La production d'animaux reproducteurs serait possible mais point recommandable dans cette ferme où les premiers soins doivent être réservés aux élevages chevalin et bovin. Nous avons dit déjà que l'élevage des moutons serait complémentaire.

Pour la boucherie nous ne pouvons donc produire que des agneaux blancs ou gris. Les premiers se vendraient bien à Paris ou dans les pays miniers, mais Saint-Quentin préfère l'agneau gris ; produisons donc l'agneau gris.

En somme le troupeau devra occuper une situation déjà très répandue, celle de la ferme betteravière de nos plaines du Nord, où l'on produit l'agneau gris. Pour occuper cette situation, certains ont été chercher des moutons anglais, Dishley, Southdown, et les croisent industriellement avec des Mérinos, des Berrichons, etc... C'est une solution acceptable, mais nous préférons simplifier les choses et élever une race fort bien adaptée à ces conditions naturelles et économiques : la race de l'Ile de France. Elle se répand de plus en plus dans tous les milieux semblables, car elle a fait ses preuves. Elle n'est évidemment pas parfaite, mais elle est perfectible. Les reproches qu'on peut lui faire concernent les pieds qui ne sont pas toujours exempts de maladies, et la fécondité insuffisante. C'est là la rançon des races modernes. De même le mouton Ile de

France est gros mangeur, ceci s'explique également, les races perfectionnées étant plus exigeantes.

Par contre, des qualités comme la précocité, la rusticité, l'aptitude à la production de la laine et surtout de la viande permettent de passer sur quelques défauts et de motiver le choix de cette race.

Conformément à nos principes sur les spéculations animales dans une ferme betteravière, nous produirons et nous engraisserons nous-mêmes nos agneaux. Il serait d'ailleurs difficile de trouver des sujets sevrés à acheter pour pratiquer la spéculation de l'agneau gris.

Pour constituer un troupeau de race pure se renouvelant par lui-même, il existe plusieurs méthodes exigeant plus ou moins de capitaux mais produisant plus ou moins vite des bénéfices. De toutes manières, il faut rechercher avant tout l'homogénéité. M. Ennuyer est assuré d'avoir du premier coup un troupeau complet et homogène, car un éleveur le lui constitue petit à petit par prélèvement d'agnelles sur les naissances d'une bonne souche Ile de France. De cette façon, quand le nouveau troupeau arrivera à Brocourt, il comprendra des brebis de différents âges et des agnelles.

En temps normal, en espérant obtenir quelques portées doubles pour compenser les accidents, nous comptons avoir :

> 250 brebis ;
> 250 agneaux (125 mâles et 125 femelles).

Au sevrage le troupeau d'élevage comprendra :

> 165 brebis .... ⎫
> 85 antenaises .... ⎬ 335 têtes.
> 85 agnelles .... ⎭

Le troupeau d'engraissement comprendra :

> 165 agneaux (125 mâles, ⎫
> 40 femelles)......... ⎬ 250 têtes.
> 85 brebis réformées.... ⎭

Pour la lutte, il nous faudra quatre béliers achetés ou loués dans les meilleures élevages de race pure.

La location nécessite moins de frais, mais si l'on n'a pas une confiance absolue dans le propriétaire, il vaut mieux acheter des reproducteurs de première classe et ne rien négliger pour obtenir le maximum de naissances.

La lutte aura lieu entre la mi-juin et la mi-août afin que le naissage se fasse pendant la stabulation. Jusqu'au sevrage, les agneaux resteront à la bergerie. A ce moment, on fera la part de l'élevage et celle de l'engraissement : les brebis à réformer, c'est-à-dire ayant porté plus de trois fois seront immédiatement engraissées ; de même les agneaux et agnelles destinés à la boucherie ne quitteront pas la ferme.

Au contraire, les brebis, antenaises et agnelles d'élevage vont en plaine. Du 1ᵉʳ mai au 1ᵉʳ juin, le troupeau parcourra rapidement les herbages, puis les talus et bordures de chemins. Quelques suppléments à l'étable seront nécessaires.

Mais du 1ᵉʳ juin au 10 août, ils trouveront une nourriture abondante et excellente de fourrages verts : minette, puis mélange de minette et trèfle violet et enfin minette et trèfle blanc, sur une surface totale de 10 hectares.

Du 10 août au 15 septembre, il y aura les éteules, soit 73 hectares 33 d'éteules de blé sur le domaine, mais à cette surface très restreinte, il faut ajouter tous les autres chaumes de la plaine et que les coutumes permettent de laisser paître. Cette nourriture échauffante sera favorable à la lutte.

Du 15 septembre au 15 octobre, second regain de luzerne : on peut estimer que le troupeau n'en consomme pas plus de 20 hectares. La luzerne, même de première année peut être pâturée par les moutons sans danger pour la récolte de l'année suivante, car les rejets de cette plante se trouvent à l'intérieur du sol. Le sainfoin, au contraire rejette à l'extérieur, et n'est pas brouté impunément par les ovins.

Enfin, du 15 octobre au 15 novembre, les fanes et collets de betteraves fournissent une nourriture illimitée : 4 à 5 hectares suffisent.

De temps à autre, pendant la belle saison, les moutons auront certainement l'occasion de brouter les refus dans les herbages, les plantes sauvages sur les terres déchaumées, etc.

L'agnelage et le froid feront rentrer définitivement le troupeau à la bergerie : le régime de stabulation et l'alimentation à base de pulpe et de fourrages reprendra.

Aux brebis pleines on donnera :

Foin de luzerne................	0 k. 600
Provende de pulpe............	5
Paille	0 500

Aux brebis nourrices :

Foin de luzerne...............	0 k. 600
Provende de pulpe...........	6
Tourteau de lin...............	0 200
Avoine	0 200
Paille	0 500

Comme pour les vaches, les buvées chaudes seront très favorables à la lactation. On pourra donner la paille et le grain ensemble, sous forme de gerbes d'avoine.

La ration d'hiver des antenaises sera :

Foin de luzerne..............	0 k. 600
Provende de pulpe...........	4
Paille	0 500

L'alimentation des agneaux, qui a besoin d'être progressive et bien réglée sera distribuée dans des locaux séparés de ceux des brebis par de petites portes à rouleaux. Le premier mois, les agneaux se nourriront uniquement du lait de la mère, puis on prépare le sevrage en donnant peu à peu des betteraves, des regains de luzerne, des tour-

teaux et des grains. Le sevrage aura lieu à quatre mois :
les agnelles suivront dès lors le troupeau en plaine.

Les agneaux d'engraissement seront alors fortement alimentés. Les mâles ne seront pas castrés, car la croissance ne se manifestant avec force qu'entre le huitième et le quinzième mois, on aura le temps de les engraisser et de les vendre avant cette époque. De cette façon on évitera le fâcheux contretemps que provoque toujours la castration. (1)

La ration des agneaux d'engraissement variera constamment, tant en quantité qu'en qualité, afin d'exciter constamment l'appétit. A cinq mois, on leur donnera par exemple :

Foin de luzerne...............	0 k.	600
Provende de pulpe...........	4	500
Tourteaux, grains	0	500
Paille	0	200

Nous ne manquerons pas de les tondre : cette opération sera un précieux stimulant de l'appétit, à condition toutefois qu'elle soit faite à bon escient : l'animal ne devra jamais être souffreteux, mais déjà bien en chair, sinon on obtiendrait le résultat contraire. Les bouchers préfèrent acheter les animaux tondus : ils se méfient de la laine qui cache souvent la misère.

Les brebis de réforme seront engraissées aussitôt le sevrage de leur agneau, et pendant 2 à 4 mois selon leur état. La tonte viendra également exciter l'appétit. Une ration de fin d'engraissement comprendra par exemple :

(1) Les expériences précises faites aux Vaux-de-Cernay en 1922-23 et à Clory en 1924-25 ont montré que la castration des animaux destinés à la boucherie vers 6 à 7 mois, exerce une influence retardatrice sur la croissance : les neutres pèsent 4 kg de moins que les entiers.

Foin de luzerne................ 0 k. 600

Provende de pulpe............. 6

Mouture d'orge 0   300

Aliment mélassé 0   200

Paille 0   200

On peut espérer vendre régulièrement des agneaux de sept mois pesant 40 à 45 kgs et des brebis de 4 ans 1/2 bien en chair et non en graisse.

La production de la laine sera également très importante. La tonte générale aura lieu en avril ou mai, quand le troupeau sortira. Les brebis et antenaises donneront au moins 3 kgs et les agnelles 1 kg. à 1 kg. 200.

Les animaux d'engrais seront tondus vers la même époque, mais sans doute à des dates un peu différentes, en relation avec le degré d'engraissement. La tonte des agneaux aura lieu de préférence un mois avant le départ pour la boucherie, et le premier juillet au plus tard celle des brebis réformées après trois ou quatre semaines d'engraissement.

La production du fumier, pour le troupeau d'élevage et en été tout au moins, peut s'envisager de deux façons : au parc ou à la bergerie. Chaque méthode se soutient.

Pouvons-nous parquer le troupeau ? Oui, nous avons des terres blanches qui s'accomoderaient bien du séjour des moutons sans abimer leur laine.

Mais le parcage est-il intéressant ici ? l'économie de matières fertilisantes compense-t-elle les inconvénients ? Nous ne le pensons pas, et pour diverses raisons :

1° Le troupeau est assez réduit : 335 têtes dont 85 jeunes ;

2° Les terres à parquer ne sont disponibles qu'à partir du 5 juillet quand le troupeau attaque la minette tréflée, après laquelle on ne fera pas une culture dérobée. Le parcage ne durera que 115 jours ;

3° Pour les besoins de l'assolement, le parcage de ces

terres doit correspondre à une fumure ; donc il faut parquer à raison d'un demi mètre carré par tête, ou en deux
fois après scarifiage à raison de un mètre carré par tête.
De cette façon le troupeau ne parquera pas même 2 hectares dans la saison.

Dans ces conditions, nous pensons qu'il vaudra mieux
recueillir tout le fumier des ovins à la ferme. De cette
façon nous n'aurons pas à engager le capital supplémentaire de l'attirail de parcage, nos moutons auront plus
belle laine, les fumures seront plus homogènes, enfin et
surtout nous trouverons plus facilement un berger.

. . . .

. . . .

En ce point s'arrête le manuscrit de notre pauvre cher ami si tôt disparu.

Nous devons à son amitié de terminer ce qu'il avait entrepris ; mais cette thèse était à sa taille, elle n'est pas à la nôtre. Nous la continuerons comme nous le pourrons, bâtissant avec les matériaux qu'il nous a laissés, utilisant sans cesse ses notes et travaux personnels. Nous suivrons intégralement le plan qu'il s'était proposé, soutenant au fur et à mesure qu'il se déroulera ses opinions dont nous discutions si souvent ensemble.

Notre idéal serait de présenter la fin de cette thèse comme si notre malheureux ami lui-même l'avait écrite, idéal utopique s'il en fut, impossible à atteindre ; toutefois tenterons-nous en complétant son travail au plan initial, de lui donner la cohésion qui en fera la force, d'en faire un « tout » puissant, simplement en indiquant les modifications et les innovations qu'il projetait et qu'il aurait développées autrement que nous ne pouvons le faire.

. . . .

CHAPITRE VII

Disponibilités alimentaires

On pourrait nous dire : il est très bien d'augmenter sans cesse le bétail, il est bien de doubler l'effectif de la vacherie, augmenter la cavalerie, créer un troupeau de moutons, et le tout sans diminuer la surface emblavée en produits d'exportation ; mais ce nouveau cheptel, avec quoi le nourrissez-vous ?

C'est là le but de ce chapitre, de prouver que nous n'avons pas avancé des propositions gratuites, mais que notre projet se tient, qu'il est réalisable et la meilleure preuve en est, qu'il se réalise.

Pénétrons-nous bien tout d'abord du principe que dans une ferme rien n'est impossible, et ce pour deux raisons : la première est que le paysan est madré et que s'il connaît bien son métier il doit trouver un « truc » qui le tire d'affaire ; la seconde est que dans une ferme une proportion énorme d'aliments de toute sorte est perdue, soit que la distribution est mal répartie, soit que la conservation est

mal assurée et que la raison d'être de l'agriculteur intel-
ligent et conscient de ses intérêts est justement de récupérer ce capital en apparence inutilisable.

En outre, ne perdons jamais de vue, si l'on veut comprendre l'économie du domaine de Brocourt que nous
sommes en présence d'une ferme en reconstitution. Le
problème qui se pose devant nous se résume donc ainsi :
il y a dix ans, valeur du domaine égale 0, dans x temps,
(x étant le délai le plus restreint possible), nous devrons
avoir atteint l'idéal que nous nous sommes proposés. Pour
que notre projet se tienne, pour qu'il puisse se réaliser, il
faut que nous prouvions que lorsque ce temps de x sera
révolu, c'est-à-dire lorsque l'évolution du système de culture (terme employé dans son sens le plus large) sera terminée, celui-ci sera équilibré et que notre cheptel aura sa
suffisance de nourriture.

Nous considérons donc dans ce chapitre le domaine dans
une situation stable, lorsque nos projets seront complètement réalisés, car il serait impossible et cela ne prouverait
rien, de démontrer qu'à l'époque actuelle l'économie de
notre domaine se tient, car cette époque est de transition,
et comme telle éminemment instable, l'importance du
cheptel augmente chaque jour, comme varient les emblavements des cultures. Mais notons-le en passant, comme
nous avons subordonné les cultures au bétail, les transformations apportées à l'une et à l'autre tendent vers le même
but sont orientés dans le même sens, suivent sensiblement
la même vitesse, et par conséquent, le bétail est toujours
sûr d'avoir sa suffisance de nourriture.

En voici une preuve : à l'heure actuelle, la cavalerie a
augmenté et la vacherie est proche d'atteindre l'effectif
prévu à notre projet. Malgré l'année fortement déficitaire
en fourrages, chacun a eu sa suffisance.

Pour plus de clarté, nous allons présenter la marche des
aliments sous forme d'un tableau double : la première

partie concernant la consommation passe en revue pour
chaque aliment toutes les espèces entretenues dans la
ferme. Dans la colonne de chaque espèce, nous avons tout
d'abord le nombre de têtes de l'espèce, ensuite la quantité
d'aliment qui lui est distribuée. Au bout de chaque ligne
ressort le chiffre total de consommation de l'aliment pour
toutes les espèces animales. La seconde partie du tableau
concerne la production des aliments, ou si l'on préfère,
la disponibilité. Dans chaque colonne on lit la quantité
récoltée par hectare, le nombre d'hectares ensemencé en
cet aliment et le total récolté.

Nous avons disposé ce tableau à l'encontre du premier,
de façon à ce que pour chaque aliment, les deux totaux :
consommation et disponibilité soient en regard et que l'on
puisse aisément les comparer.

On peut encore lire sur le tableau l'époque à laquelle
chaque aliment est distribué à telle ou telle espèce animale ;
cette époque est indiquée dans chaque colonne, sous la
ligne de l'aliment par les dates en chiffres placés entre
parenthèses. Le bas du tableau est occupé par les fourrages
verts. Comme ils sont distribués à la même époque à toutes
les espèces qui en reçoivent, la date est placée dans la première colonne sous la désignation du fourrage.

(Voir tableau ci-après)

Reprenons chacun de ces résultats et commentons-les.

La sucrerie nous accordant 100 % de pulpe si nous le
désirons, nous en avons un très gros excédent, excédent
fictif puisqu'il dépend de la volonté de M. Ennuyer de
reprendre telle ou telle quantité de cet aliment. Mais de
toutes façons, nous avons 500 tonnes de pulpes en réserve.
En cas d'une année déficitaire, cette énorme quantité vien-
drait compléter la disponibilité en betteraves demi-sucriè-

res, et nous permettrait d'exclure de notre ensilage tout ou partie des feuilles et colléts de betteraves qui ainsi récupérées viendraient s'ajouter à la quantité de fanes consommées en vert. Donc, du coté des aliments aqueux, nous sommes prêts à parer à toute éventualité.

Les balances pailles et foin semblent justes, beaucoup trop justes même. Mais n'oublions pas ceci : le total consommation a été calculé avec ces aliments donnés bruts. Or, on peut lire dans la première partie de cet ouvrage que l'établissement d'un hache paille est en projet. Ce projet est actuellement réalisé, nous verrons plus loin sur quelles bases, et M. Ennuyer estime faire une économie de 25 % par son emploi.

Les 25 % de paille ainsi récupérés nous laissent une marge telle qu'ils nous mettent à l'abri d'une année déficitaire.

Quant au foin, nous en avons ainsi un fort excédent, car il convient d'ajouter aux 25 % économisés par le hachage, 5 % remplacés par de la paille hachée en mélange intime.

En avoine, la marge est à peu près nulle, et il est évident que nous serons très souvent en déficit. Mais que l'on veuille bien se rapporter aux rations distribuées journellement aux chevaux, nous voyons qu'elles sont extrêmement fortes, et que si dans une bonne année, on peut donner 8 kgs d'avoine concurremment à 3 kgs d'aliments mélassés, en année médiocre on peut diminuer cette ration d'avoine sans aucun préjudice pour le cheval. En outre, le hachage des fourrages permet leur mélange plus intime avec les aliments mélassés qui de ce fait sont mieux assimilés ce qui permet le cas échéant de réduire la quantité d'avoine.

Pour les fourrages verts, tout se passera bien en année normale. Mais ce n'est pas le normal mais bien l'anormal qu'il faut prévoir. A cet effet nous comptons combler le déficit éventuel par les 30 % de foin sec récupérés soit sensiblement 100 tonnes, que nous utiliserons soit directement

Consommation

	Chevaux	Poulains	Poulains	Vaches	Génisses	Génisses	Élèves	Veaux	Brebis plaines	Brebis mères	Antenaises	Agneaux	Agnelles	Réformes	Totaux consommés en fumure	Matière sèche consommée	Production de fumier (M² fraîche)	Totaux de Consommation Total

Disponibilité

Totaux de disponibilité	Pertes		Feuilles et Collets			Pailles hachées			Pulpes ou fanes ou Pacas			

	Balles d'avoine			Balles de Blé			Avoine et Orge			Blé			

en les mélangeant avec les fourrages verts, soit indirectement en les conservant comme foin sec pour l'année suivante et en diminuant d'autant la quantité de luzerne des
première et deuxième coupes à faire sécher, au bénéfice
de la quantité de cette même luzerne consommée en
vert.

Comme on peut le voir, l'équilibre de notre affourage-
ment repose en grande partie sur cette originalité au
Domaine de Brocourt du hachage des pailles et fourrages.
Voyons comment M. Ennuyer l'a réalisé.

Dès bien avant la guerre, le hachage des fourrages était
d'un usage courant à Brocourt, et depuis le début de la
reconstitution de la ferme, M. Ennuyer attendait de trouver
un appareil à sa convenance pour remplacer celui détruit
par les hostilités. Il l'a rencontré en un hache paille de
marque allemande qu'il avait commandé en juin 1927 ; il
ne lui fut malheureusement livré qu'en mars 1928, ce qui
fait que nous avons peu de renseignements sur son compte.

L'appareil a été acheté 12.000 francs rendu à la ferme, à
titre des dommages de guerre. Ce prix pourrait paraître
élevé, mais n'oublions pas que 900 tonnes de pailles et
fourrages doivent être hachés annuellement, c'est dire qu'il
nous faut un appareil à grand débit. Nous ne pouvons
évaluer celui-ci, car l'appareil a encore peu marché, mais
on en aura une idée en considérant qu'il faut un moteur
de 10 CV pour l'actionner.

Un défaut commun à un grand nombre de hache paille
est qu'ils sont fixes. On est ainsi forcé de manutentionner
un poids considérable de paille chaque fois que l'on hache,
ce qui immobilise une partie du personnel. Au contraire,
celui de Brocourt est monté sur un fort châssis à 4 roues
qui permet de le transporter auprès de la marchandise à
hacher, paille ou fourrage. On peut ainsi le déplacer d'un
hangar à un autre ou même jusqu'à une meule. De cette
façon, il n'est nécessaire d'avoir que la main-d'œuvre assu-

rant le fonctionnement de la machine, soit 4 hommes. La marchandise hachée est mise en tas, et n'est reprise qu'au fur et à mesure des besoins. On estime préférable en effet de hacher tous les samedis après-midi la nourriture de la semaine, car il est plus économique de faire marcher longtemps l'appareil que souvent, on évite de trop nombreuses mises en route, sources de pertes de temps.

D'une façon succincte la machine se compose d'une trémie d'alimentation suivie d'un engraineur automatique amenant le fourrage à l'appareil de coupe à très grand débit, formé d'un disque armé de 6 couteaux, alors que la plupart des haches fourrages n'en comportent que 2. Il est nécessaire que les couteaux soient très coupants, sinon ils tranchent mal, arrachant le fourrage et il se produit un bourrage; aussi les affûte-t-on avant chaque emploi. Avant la guerre, M. Ennuyer comptait que trois jeux de couteau lui duraient 2 ans.

Le fourrage ou la paille coupée passent ensuite dans un tamiseur, traversé seulement par le hachis de moins de 5 $^{m/m}$ de longueur. Le refus est repris par un élévateur qui le ramène à l'appareil de coupe. Le fourrage passé à travers le tamiseur est projeté par un ventilateur dans un énorme conduit de tôle qui peut atteindre la longueur de 30 mètres et qui amène les balles là où l'on veut les entreposer.

La fosse à pulpe étant à proximité du hangar à paille, nous pourrons lors de l'ensilage projeter directement la paille hachée sur les lits de pulpe sans aucune manutention, grâce à ce propulseur.

Avec les quelques renseignements que nous avons en notre possession, nous avons essayé d'établir un compte approximatif des économies que l'on réalise par l'emploi de ce hache paille. Nous n'avons compté que 20 % d'économie sur les fourrages et 25 sur la paille, M. Ennuyer l'estime supérieur à ces chiffres, mais nous avons voulu rester en deçà de la vérité.

1° Dépenses

On hache une fois par semaine pendant 5 heures :

Dépense horaire d'électricté : 1 fr. 80 $\times$ 7 kw 36 = 13 fr. 25
    —   journalière d'électricité : 13 fr. 25 $\times$ 5 =   66 fr. 25
    —   —   main-d'œuvre : 10 $\times$ 4   =   40 fr.
        106 fr. 25

Dépenses annuelles : 106 fr. 25 $\times$ 52 =   5.525 fr.
Amortissement : 12.000 : 10 ans   =   1.200 »
Intérêt du capital : 12.000 $\times$ 6 %.   =   725 »
Part contributive au moteur (amort.)..   250 »
Entretien, couteaux, etc...............   500 »
Imprévus.. ....   800 »
    Total des dépenses annuelles....   9.000 »

2° Economies

Poids de fourrage récupéré : $\dfrac{313 \times 20}{100}$ = 62 tonnes
Valeur de ce fourrage : 350 $\times$ 62   =   21 000 fr.
Poids de la paille récupéré : $\dfrac{325 \times 25}{100}$ = 80 tonnes
Valeur de cette paille : 150 $\times$ 80   =   12.000 »
    Economies réalisées.....................   33.700 »
    Balance : 33.700 fr. — 9.000 fr. =   24.700 »

Evidemment M. Ennuyer ne sortira pas chaque année ces 25.000 francs de sa ferme, car les cours des fourrages ne se maintiendront pas toujours au taux de cette année. D'autre part, lorsque la récolte sera déficitaire, on emploiera tout le fourrage et donc on ne réalisera rien par sa vente, mais on réalisera quand même un manque à perdre très important car on n'aura pas à acheter d'aliments au dehors.

Nous pouvons donc conclure en affirmant que notre bétail est toujours assuré de sa nourriture normale et, malgré la grosse augmentation de cheptel, chaque année se chiffre par un excédent de nourriture que nous pouvons vendre si bon nous semble.

Les avantages que l'on peut retirer de notre nouveau système de culture se bornent-ils-là ? Non, si l'on se reporte aux dernières colonnes de notre tableau d'affouragement, nous trouvons la production exacte de fumier, calculée par la méthode Heuzé d'après la matière sèche contenue dans les aliments et litières. Cette production atteint 1.900 tonnes. Or, dans l'étude du système de culture, nous avons établi qu'en juillet 1926, avec l'importance du bétail initiale, la production n'était que de 730 tonnes, on devait alors acheter 830 tonnes de fumier pour compléter les 1.560 tonnes nécessaires à l'assolement. Avec l'augmentation du bétail, nous les produisons et bien au delà, ce qui nous permettra de porter à 35 tonnes la fumure d'un hectare et grâce à cet enrichissement en humus, de faire des chaulages sans danger pour la valeur de la terre, pour le plus grand bien de nos rendements, comme nous le verrons plus loin.

CHAPITRE VIII

Organisation intérieure

La question de l'organisation intérieure d'une ferme prend de plus en plus d'importance aujourd'hui. En effet, de la construction des bâtiments dépendent l'hygiène et la santé des animaux, de leur bonne disposition dépendent facilité du travail et économie de main-d'œuvre. Mais si les étables basses, noires, insalubres sont néfastes aux animaux, certaines installations excessivement perfectionnées, sont préjudiciables au portefeuille. D'un côté comme de l'autre, il faut garder une sage mesure, savoir perfectionner ce qui est, mais en se gardant d'un modernisme par trop extravagant. N'oublions pas que les fermes dites à tort modèles, appartiennent en général, à des gens fort riches, qui font de l'agriculture, non pour gagner leur vie, mais pour se distraire; aussi nous garderons-nous dans ce chapitre d'envisager une dépense dont l'amortissement serait problématique et dont l'utilité n'est pas apparente, nous rechercherons avant tout le côté pratique, le côté économique.

Evidemment tous les bâtiments sont neufs et l'on pourrait nous attaquer en disant que la nécessité de modifier des bâtiments non amortis, dont la construction remonte à 4-8 ans, se fait peu sentir. Notons que sauf nécessité nous ne modifions pas les bâtiments actuels, nous y apporterons uniquement quelques améliorations de détail, dont on a reconnu l'utilité à l'usage, le gros travail consiste à créer de nouveaux bâtiments, qui viendront s'ajouter à ceux existant actuellement. Ceux-ci ont été construits en 1920, d'après le plan ci-contre. A cette époque, la reconstitution du domaine était à peine commencée, on ne pouvait savoir de façon certaine quelle orientation les événements donneraient au système de culture, on ne pouvait prévoir des bâtiments pour contenir un effectif de bétail comme celui que l'on aura dans quelques années, cela eut été prématuré, et l'on a agi sagement en ne voyant pas trop grand.

Mais remarquons une chose sur le plan (le bâtiment du Nord-Est, contenant porcherie et atelier n'a pas été construit), les bâtiments ne se joignent pas, ils ne forment pas un seul bloc, ils n'enclavent pas la cour intérieure par une ceinture de constructions ininterrompue qui fait que de sa maison, le fermier a un horizon de briques. Cette disposition était bonne au temps où les paysans devaient se défendre contre les bandes pillardes. De l'extérieur, le mur d'enceinte sans ouvertures n'offrait aucune prise lorsque la lourde porte était rabattue. Heureusement les temps ont changé, et ce n'est que par vieille routine que l'on construit encore des fermes sur ce modèle. On remarquera au contraire à Brocourt l'heureuse disposition des bâtiments bien écartés des uns des autres, les angles de la cour dégagés, ce qui, tout en donnant plus de place disponible aux voitures, dégage la vue qui peut ainsi se reposer sur un peu de verdure. Le grand avantage est surtout la facilité d'agrandissement comme nous le verrons plus tard pour chaque bâtiment. Notons tout de suite, l'excellente position de la maison d'habitation, de laquelle on a vue sur tous les bâtiments ; ainsi se trouve suivi le conseil d'Olivier de Serres : « Esloigner de la maison les granges, estableries et logis du bétail, est facheux, car estant la ménagerie ainsi reculée, le seigneur est privé de pouvoir commodément tenir son bien à la main et le diriger comme il faut. »

Vacherie

La vacherie actuelle est un bâtiment de 40 mètres 50 de long sur 10 mètres 70 de large, compris pour 43 vaches, donc notoirement insuffisant, étant donné que l'effectif sera porté à 60 têtes. Etudions d'abord la vacherie telle quelle est, puis telle qu'elle sera.

A l'extrémité sud du bâtiment, sont deux locaux symétriques séparés par un couloir de 2 mètres de large, rétrécissement du couloir qui va d'un bout à l'autre du bâtiment. Ce petit couloir est en communication avec l'extérieur et avec la vacherie proprement dite par deux portes opposées, de 1 m. 50 de large. Les deux locaux ouvrent sur ce couloir chacun par une porte de 1 mètre 50 ; à l'origine l'un était la laiterie, l'autre l'étable à veaux. Par suite du manque de place, on les a converti tous deux en étables à veaux. Leurs dimensions sont 3 mètres 90 sur 4 mètres 70. Ils prennent jour chacun par deux fenêtres de 1 mètre 20 de large sur 0 mètre 80 de hauteur, et dont l'entablement est à 1 mètre 40 du sol.

La vacherie proprement dite, occupe le centre du bâtiment, elle a 30 mètres de long sur 10 mètres de large (côtes intérieures). Disposition à double rang, tête au mur. La rangée opposée à l'entrée est ininterrompue, celle située du côté de la cour est coupée par la porte d'entrée, juste au milieu du bâtiment, le couloir d'accès divise donc cette rangée en deux parties égales, chacune de 13 mètres de long. La porte d'entrée à double vantaux, s'ouvrant sur l'extérieur, de 3 mètres de large sur 2 mètres 20 de haut, donne accès au couloir central qui a 3 mètres de large. L'emplacement réservé aux animaux est donc divisé en 3 parties. Comme l'étable est prévue pour 43 vaches, l'emplacement disponible pour chacune est de 3 mètres de long sur 1 mètre 30 de large, non comprise la mangeoire de 0 m. 60 de large, accotée au mur extérieur et allant d'un bout à l'autre du bâtiment. L'éclairage de la vacherie est assuré par 13 fenêtres semblables à celles ouvrant sur les étables à veaux. D'axe en axe des fenêtres, on compte 4 mètres 50. Sept ouvrent sur l'extérieur de la ferme, et six sur la cour. Elles sont symétriquement opposées.

A l'extrémité nord du bâtiment est réservé un local symétrique à celui de l'extrémité sud. Dans le plan initial, il devait contenir de part et d'autre d'un petit couloir, une infirmerie de 4 mètres 70 sur 3 mètres 90 et à l'opposé, 2 box pour la mise-bas. La place dont on disposait dans la vacherie même, tant que l'effectif ne dépassait pas 30 vaches, avait fait modifier cette disposition : une cloison de briques percée en son milieu d'une porte de 1 mètre 50, séparait de la vacherie un seul local, de 4 mètres 50 sur 10 mètres, servant de remise. Une porte à 2 battants de 3 m. de large sur 2 m. 20 de haut, semblable à la porte d'entrée de la vacherie, mettait la remise en communication avec la cour. Cette porte située à l'extrémité du bâtiment rompt la symétrie qui sans elle, est parfaite. Quatre fenêtres du même type éclairent la remise.

Le bâtiment est construit en briques ; l'épaisseur des murs est de 0 m. 35. Extérieurement, les briques sont recouvertes d'un crépis. Seuls les entablements des fenêtres sont en briques apparentes. La voûte des encadrements des fenêtres et des portes est formée par une forte poutre de chêne.

Le sol de la vacherie est pavé de briques de champ ; l'emplacement sous les bêtes présente un légère déclivité vers le couloir central, bombé, et bordé de deux rigoles.

Le plafond est à 2 mètres 80 de haut. Il est essentiellement constitué par des poutres transversales en ciment armé, de 0 m. 40 d'épaisseur, disposées tous les 4 m. 50. Elles soutiennent des fers en double T écartés l'un de l'autre de 0 m. 65 et disposés longitudinalement. Ces fers sont noyés dans la maçonnerie, des voutins de briques allant de l'un à l'autre. Un placage de ciment de part et d'autre de ces voûtes, cache briques et fers.

Au dessus de la vacherie se trouve un grenier à foin. La hauteur verticale du mur, au delà du plancher de ciment est de 1 mètre. La hauteur totale du plancher au faîtage est de 5 mètres 20. On a donc un espace considérable pour rentrer le foin. C'est pour cette raison que le plancher de fer et ciment armé a été conçu de façon très robuste.

On accède au grenier par 4 portes-fenêtres à deux battants en avancée du toit, de 2 m. 50 de haut et 1 m. 20 de large. Cette dimension est un peu faible mais on a dû la maintenir, ces portes étant juste au-dessus des fenêtres de la vacherie, qui ont elles-mêmes 1 m. 20 de large.

Voici donc la vacherie telle qu'elle est. Avec l'effectif actuel elle est suffisante, mais cet effectif s'accroît de jour en jour, jusqu'à concurrence de 60 têtes, maximum qui doit être atteint sous peu. La question qui se pose est donc : combien peut-on loger de bêtes dans la vacherie, et comment peut-on l'agrandir. L'architecte avait prévu une largeur de 1 mètre 30 par tête de bétail, largeur insuffisante pour des vaches du gabarit de celles de Brocourt ; en raison de la liberté que leur laisse la longueur de la chaîne, il leur faut au moins 1 mètre 40, ce qui ramène le maximum logeable à 37 bêtes.

Il est évident que dans la majorité des cas il est plus avantageux d'agrandir un bâtiment plutôt que d'en construire un second, et qu'on ne doit envisager cette construction que si la place manque pour prolonger celui existant. Ce n'est pas le cas ici, la porcherie n'ayant pas été construite nous disposons d'une longueur de 33 mètres.

La méthode qui paraît la plus simple est de s'inspirer du bâtiment actuel (fig. A) et de le continuer sur de mêmes bases, en utilisant au maximum ce qui existe. C'est ce que nous avons réalisé par notre projet C. La partie sud du bâtiment reste telle quelle, avec ses deux locaux. Dans la partie nord, nous abattons la cloison intérieure et le pignon, prolongeant les murs dans le même style, les fenêtres se succédant tous les 4 mètres 50. L'emplacement réservé aux 60 vaches doit avoir 45 mètres de long. Ce bâtiment venant en place de la porcherie où devait être la salle des rations, nous devons mettre cette dernière en bout. Elle aura 4 mètres 70 de long et comme largeur celle du bâtiment. Comme l'effectif de la vacherie augmente, il nous faut plus de place pour loger un plus grand nombre de veaux, nous prévoyons donc deux locaux symétriques à ceux de l'extrémité sud. En bout reconstruction du pignon tel que celui démoli. Le prolongement du bâtiment, avec le pavage du sol en briques de champ, le prolongement des mangeoires, etc., reviendra à 115.000 francs.

La nouvelle vacherie aura une longueur totale de 59 mètres 80.

Ce prix de revient est élevé pour n'avoir une vacherie somme toute qu'ordinaire. Il provient en grande partie de la grande portée du bâtiment (10 mètres) qui nécessite en raison du grenier à foins à faire au-dessus, la construction d'un faux plancher en voutins de briques et poutres en fer sur poutres de ciment armé, qui pour être très solide n'en est pas moins d'un prix élevé. Nous avons donc intérêt à réduire au minimum l'emplacement réservé aux vaches, tout en leur conservant le maximum de confortable.

C'est ce qui nous a amenés à penser au système Louden.

On connait grosso modo le système Louden, on en ignore les détails. On sait qu'il est formé de beaucoup de tubes d'acier, d'un assemblage compliqué paraissant peu pratique et, ce qui tranche tout, coûtant fort cher. C'est là l'opinion de beaucoup d'agriculteurs qui le considèrent comme « une installation pour amateurs, pour étable de luxe, mais non pour vacherie de rapport. » C'était du reste notre propre opinion, bien frêle d'ailleurs, et qui n'a pas résisté à l'examen approfondi de la question, et surtout à la visite de plusieurs installations.

La stalle Louden est en effet le mode de logement le mieux étudié, le plus rationnel et le moins cher qui soit pour les vaches, car il permet de réduire au minimum les dimensions des bâtiments.

Ce qui fait la perte de place dans une vacherie ordinaire, c'est que l'animal n'occupe pas le même emplacement lorsqu'il est debout et lorsqu'il se couche. Quand il est debout, ses pieds de devant sont à toucher le bord de la mangeoire, la tête et le cou, s'ils étaient projetés sur le sol, se dessineraient dans la mangeoire. Au contraire, quand il se couche, grâce à la liberté que lui laisse la chaîne, il se recule, et son mufle repose à la place où étaient ses pieds avants, d'où nécessité d'agrandir d'autant la place réservée à chaque bête, soit 1 mètre.

La mangeoire ne sert jamais au logement, il serait d'ailleurs impossible à l'animal d'y poser le cou quand il est couché, car elle est toujours à 60 centimètres de hauteur. D'autre part, on ne peut l'abaisser, car en raison de la liberté laissée aux vaches elle se trouverait souillée. En effet, et c'est là le second inconvénient de ce genre de vacherie, la longueur de la chaîne permet toutes les fantaisies, et il est bien rare dans une étable de ne pas trouver plusieurs vaches couchées parallèlement à la mangeoire, au préjudice de leurs voisines qui sont tassées les unes sur les autres.

Perte de place en longueur.

Perte de place en largeur.

Louden a ainsi résolu la question : d'un bout à l'autre de l'étable, scellé dans le bord intérieur de la mangeoire, court un espèce de cornadis ainsi constitué : à 1 m. 65 du sol un tube d'acier horizontal, soutenu tous les mètres 20 par deux tubes verticaux écartés l'un de l'autre de 0 m. 25. Perpendiculairement à cet alignement tous les mètres 20, donc fixés entre les deux poteaux verticaux, partent à 1 m. 06 de hauteur des tubes d'acier recourbés au quart de cercle, venant se sceller dans le sol à 1 mètre 06 du cornadis.

Voilà bien délimité l'emplacement réservé aux vaches en largeur. Vu de face, le système forme donc une succession d'encadrements de 0 m. 95 de large, suivis d'un espace de 0 m. 25, puis un nouveau cadre de 0 m. 95 et ainsi de suite.

Voyons maintenant le mode d'attache des vaches. Il est formé d'un collier en tube d'acier rond, de 1 m. 20 de hauteur et d'une largeur réglable selon la grosseur du cou de la vache. C'est une sorte de vaste charnière, articulée dans le bas, que l'on ouvre pour y engager le cou de la bête ; un système d'encliquetage automatique assure la fermeture dans le haut. La bête ne peut s'en dégager.

Ce collier a son point fixe dans le haut : il est relié à la barre supérieure du cornadis par un seul maillon de chaîne. A la partie inférieure, une chaîne à 6 maillons le fixe à la mangeoire. On comprend aisément que suivant que la bête est couchée ou debout, son cou occupe le bas ou le haut du collier qui remplit le rôle d'une véritable glissière. Grâce au point fixe de la partie supérieure, il est absolument impossible à la vache d'avancer ou de reculer ;

grâce à la chaîne de la partie inférieure, elle a un certain jeu latéral quand elle est debout et un grand jeu circulaire quand elle est couchée. Grâce à la moitié du collier, elle peut adopter *n'importe quelle position.* Nous insistons sur ce dernier point, souvent contesté, mais que nous avons pu constater de visu.

Le bord intérieur de la mangeoire, très bas, encore accru par une échancrure ménagée en son milieu, permet à la vache couchée de conserver la tête dans la mangeoire qui de ce fait est employée pour le logement. Les sortes de bat-flanc fixes formés par les tubes d'acier courbes, empêchent la vache de se mettre en travers et d'importuner ses voisines, mais lui laissent toute latitude pour se mettre dans telle ou telle position qu'elle préfère adopter.

Minimum de place en longueur.

Minimum de place en largeur.

En un mot, la stalle Louden permet toutes les libertés mais empêche toute fantaisie.

Voyons maintenant le détail de la stalle, telle que nous en concevons l'installation à Brocourt. (Pour plus de facilité, admettons que la question économique ait été résolue, elle le sera plus loin.) La disposition sera tête à tête, avec couloir d'alimentation au milieu.

La mangeoire est d'un seul bloc de ciment. Son profil est très particulier, et à notre avis excellent, car il repose sur ce principe que la vache ayant été créée pour brouter l'herbe en prairie, donc pour manger à terre, les mangeoires à 60 centimètres de hauteur sont aussi ridicules que les râteliers pour les chevaux. Le fond de la mangeoire Louden est à 2 centimètres au dessus du niveau du sol. Le bord intérieur est très bas, pour la raison indiquée plus haut, 27 centimètres seulement, et 15 à l'endroit de l'échancrure. Cette faible hauteur lui donnant une faible capacité, on a dû l'élargir pour l'agrandir, ce qui ne perd pas de place, la mangeoire servant au logement. Elle a donc, axe en axe des bords : 85 centimètres. Mais une mangeoire large ne sert de rien pour retenir les aliments, car la vache en mangeant les repousse et les fait tomber dans le couloir. On a donc prévu un bord extérieur très haut : 65 centimètres, et un profil intérieur figuré par un sixième de circonférence de 61 centimètres de rayon, venant mourir par sa tangente, mettant la vache dans l'impossibilité de faire remonter cette pente à la nourriture et la déverser dans le couloir.

Inutile de revenir sur les cornadis, dont les tubes sont scellés dans le bord de la mangeoire. Pour donner une idée de leur solidité, disons qu'ils sont noyés dans 39 centimètres de béton, donc ne présentant aucun danger de descellement ; quant à la torsion, elle est pratiquement impossible avec ces tubes d'acier au carbone.

Après le cornadis vient l'emplacement réservé aux vaches (ou plus exactement au tronc des vaches), de 1 m. 85 de long. Le fond du sol est formé d'une couche de béton de 10 centimètres d'épaisseur. Pour éviter aux bêtes le refroidissement causé par le ciment, même à travers une couche protectrice de paille, le béton est recouvert d'un dallage en céramique ; chaque dalle a 34 centimètres de long sur 21 de large et 6,5 de haut. Ces dalles sont creuses, ce qui fait une isolation thermique parfaite. L'évacuation des urines est assurée par la pente de 2 centimètres par mètre, et facilitée par les profondes rayures des dalles, qui font office de drains. Comme la vache est incapable de se mettre en travers, il n'est nécessaire d'assurer l'évacuation des urines que dans la partie postérieure de la stalle, aussi la première dalle, contre la mangeoire est-elle au niveau ordinaire du sol, la pente ne commençant qu'à la seconde, qui est en exhaussement. De cette façon les quatre pieds sont à la même hauteur, et la bête quoique sur un sol en pente est rigoureusement horizontale.

Derrière la stalle passe une rigole qui à notre avis cons-

titue le seul défaut du Louden. C'est un fossé à bords
francs, de 30 centimètres de large et 18 centimètres de
profondeur. Un tel profil est pour le moins inutile, et constitue un véritable danger. On prétend bien que si les 2 ou
3 premiers jours les vaches butent, elles s'habituent très
rapidement à enjamber. Nous estimons inutile de courir
ce risque, car eu égard à la haute valeur des bêtes, une
jambe cassée grèverait singulièrement les frais d'installation de la vacherie. Nous ferons donc une rigole ordinaire
en béton : tout d'abord une première chute de 10 centimètres atténuée par un bourrelet de ciment au quart de rond,
masquant l'orifice des canaux d'air des dalles ; le fond de
la rigole, plat, atteindra à 30 centimètres de large, 18 centimètres de profondeur, il se relèvera ensuite par une
double courbe soutenue jusqu'au niveau du couloir situé
8 centimètres en dessous de l'emplacement réservé aux
bêtes. De cette façon, nous avons une rigole très large :
40 centimètres, dont la profondeur n'excède jamais 10
centimètres, et qui présente partout un arrondi. Le fond
étant plat, une vache peut sans danger y poser le pied, la
largeur empêche qu'elle bute en avançant, et si par hasard
son pied touche un bord, il choque un arrondi. Cette
rigole est en béton de 10 centimètres d'épaisseur.

Entre la rigole et le mur passe le couloir de service, de
1 m. 60 de large. Il est situé 8 centimètres en contrebas du
niveau où reposent les vaches ce qui, pour l'œil, corrige
l'horizontalité de celles-ci et leur donne plus d'allure. Le
sol est de béton de même épaisseur, présentant de profondes stries empêchant les chutes. La pente vers la rigole
est de 1 centimètre par mètre.

Une autre rangée de stalles est située symétriquement
par rapport au couloir d'alimentation central, de 0 m. 50
de largeur (nous en reparlerons plus loin).

Voici comment nous comprenons l'installation des

stalles, voyons maintenant comment elle cadre avec le bâtiment.

C'est là surtout que réside l'intérêt que présente pour nous le Louden, car il se trouve qu'il nous permet d'utiliser la vacherie actuelle pour 60 têtes avec le minimum de transformations. En effet, il nous faut comme longueur utile : 1 m. 20 × 60 soit 72 mètres en tout, ou 36 mètres par rangée, auxquels il faut ajouter un couloir de 3 m. 50 face à la porte d'entrée et coupant les deux rangées par moitié, soit 39 m. 50. Or la longueur totale, pignon à pignon de la vacherie actuelle est de 39 m. 75. Donc, avec le système Louden, nous logeons nos 60 bêtes sans toucher aux gros murs du bâtiment existant, il nous suffit d'abattre les cloisons intérieures, (voir fig. B). La porte qui est au centre du bâtiment y donne accès, la seconde est murée et remplacée par une fenêtre. Nous ne prolongeons plus le bâtiment, mais y accotons un nouveau, le pignon formant cloison entre le nouveau et l'ancien, comprenant la salle des rations, de 4 m. 70 sur 10 mètres, avec une porte de 3 mètres donnant sur la cour et permettant aux tombereaux d'apporter directement les aliments. Une porte de 2 mètres ouvre sur la vacherie. Viennent ensuite 4 pièces de 4 m. 70, de part et d'autre d'un couloir de 1 m. 50 terminé par une porte de même largeur communiquant avec l'extérieur.

La longueur totale sera de 54 m. 60. La démolition des cloisons intérieures, le prolongement et l'aménagement des nouveaux locaux reviendront à 75.000 francs.

La différence entre les deux projets est donc de 40.000 francs, desquels il faut évidemment déduire les frais d'installation du Louden. Outre les stalles la fourniture de celui-ci comprend un abreuvoir automatique par tête. Il nous semble illusoire d'insister sur l'utilité de cet appareil. Dans une étable du Pays de Thelle, on a fait l'expérience suivante : Les vaches qui avaient l'habitude de boire dans une mare extérieure furent abreuvées dans de grands bacs

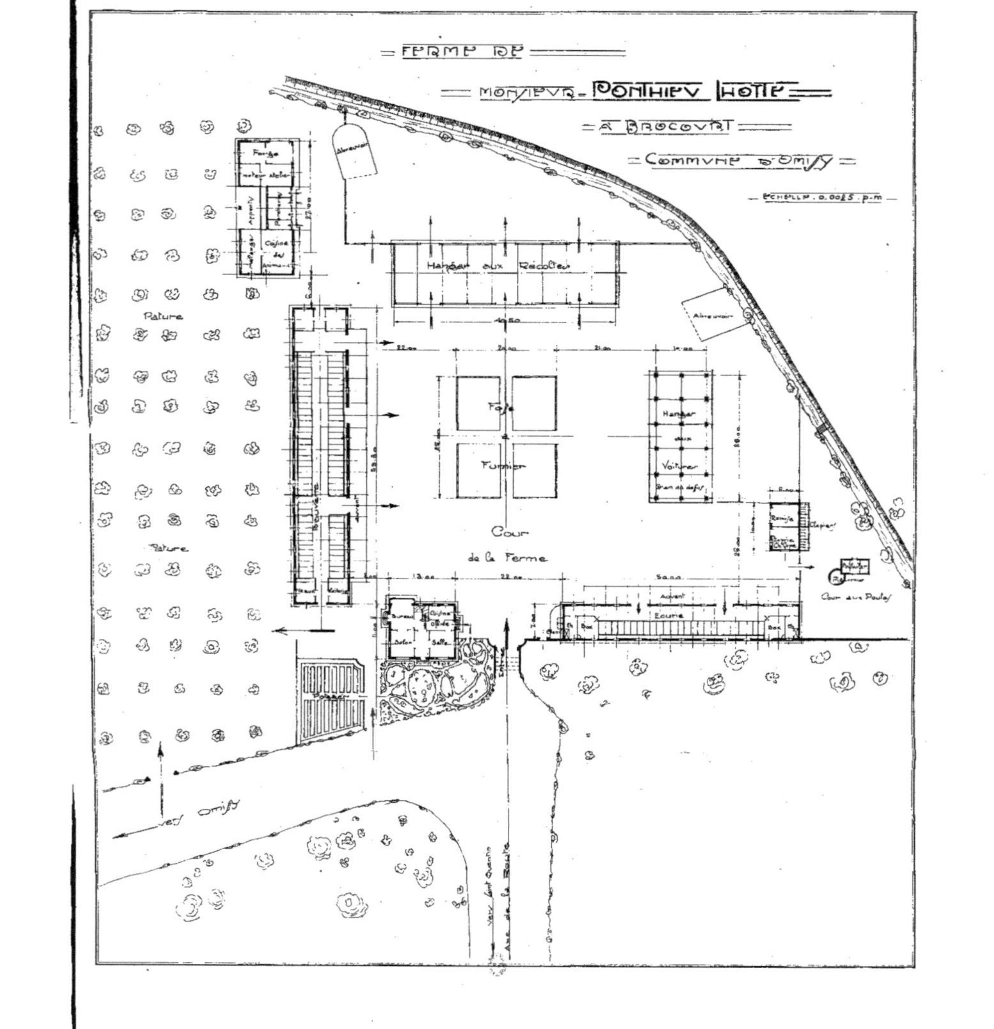

FERME DE
MONSIEUR - PONTHIEU LHOTTE
A BROCOURT
COMMUNE D'OMIÉCOURT
ECHELLE : 0.0025 p.m
Hangar aux Récoltes
Pature
Pature
Cour de la Ferme
Fosse
Fumier
Hangar aux Voitures
Forge
moteur atelier
Cabine des Animaux
Abreuvoir
Abreuvoir
Remise
Poulailler
Refuge
Remise
Cour aux Poules
Bureau
Cabinet débat
Salle
Ecurie
Auvent
Vers Omiécourt
Vers Saint Quentin
Rue de la Route

laissés en permanence dans l'étable. En les y conduisant boire 2 fois par jour, la production laitière augmenta de 1 litre par jour, excédent dû à la température de l'eau ; en les y conduisant 3 à 4 fois par jour, on gagna encore un demi litre de lait. Ceci prouve que la vache doit boire le plus souvent possible une eau à bonne température, car rien n'est plus mauvais pour la secrétion lactée que l'absorption d'une grande quantité d'eau froide. L'abreuvoir automatique abreuve les vaches dans les meilleures conditions qui soient avec une eau constamment renouvelée. Il se compose d'une petite cuvette dans le fond de laquelle séjourne toujours un peu d'eau. Un levier formant faux fond commande le robinet d'amenée. Quand l'animal veut boire le peu d'eau stagnant dans la cuvette, il appuie sur le faux fond qui ouvre le robinet ; la vache boit ce qu'elle veut. Dès qu'elle a fini le robinet se ferme. Le nettoyage est rendu très facile par ce fait que rien n'est vissé, mais simplement accroché.

La fourniture comprend enfin un transporteur monorail pour l'évacuation des fumiers et l'alimentation des bêtes. Pour le fumier, une voie passe au-dessus de chacun des couloirs de service, et se réunissent dans le couloir central. La voie unique sort du batiment et le déchargement s'opère par l'intermédiaire d'un bras articulé qui dépose le fumier en tel ou tel point de la fumière où l'on désire le placer. La benne montée sur palan, peut contenir 400 kilos de fumier.

Pour l'alimentation, la voie part de la salle des rations et traverse le bâtiment dans toute sa longueur. La benne d'alimentation étant montée sur palan, est réglée pour passer au dessus des mangeoires, ce qui nous a permis de prévoir un couloir d'alimentation de 50 centimètres de large seulement, donc juste pour le passage d'un homme. La benne d'alimentation Louden est peu pratique, car il faut en retirer la nourriture avec une pelle, ce qui est long et peu précis. La benne Lambert Rivière, constituée de 4 bacs basculant autour d'un axe est plus pratique, mais il faut pour déverser la nourriture, être juste au-dessus de la mangeoire, donc avoir 2 voies parallèles, ce qui est coûteux.

Nous ferons construire une benne comprenant 4 petits bacs doubles, soit 8 rations, montés sur un chemin de roulement à 8 galets. Les bacs auront la forme d'un prisme, la pointe en bas. Au lieu de les faire basculer, nous les viderons d'un seul coup en abattant la paroi extérieure, montée sur charnière. Le bac vidé, on remet en place la paroi, maintenue par un système d'encliquetage. De cette façon le vacher emporte la nourriture de 8 vaches à la fois, et mesure automatiquement la ration de chacune.

Pour le transport des pots de lait, de la vacherie à la laiterie, nous aurons un chariot cadre, qui empruntera les voies de monorail. On prolongera celle d'alimentation jusqu'à la laiterie. En tout cas nous monterons 150 mètres de rail. Nous n'insistons pas sur la constitution du rail Louden, à double chemin de roulement et ses chariots à doubles galets qui font que toutes les lignes de force passent par les axes, d'où impossibilité de torsion. La suspension est également à noter, elle se fait par une machoire embrassant le bourrelet supérieur du rail qui n'est jamais percé.

Toute cette fourniture et son montage reviendra à la somme de 60.000 francs net.

Nous nous excusons de ne pas encore conclure, nous voudrions d'abord terminer l'installation complète de la vacherie, ce qui nous amènera à des conclusions plus intéressantes.

Nous estimons que dans une étable de 60 têtes, la traite mécanique doit être considérée comme à peu près indispensable, en raison de l'économie de main-d'œuvre qu'elle permet de réaliser. Nous avons donc étudié les différents

types de machines à traire et leur applications à Brocourt.
Nous nous sommes arrêtés à 2 types : La Perfection, de
Louden, et la trayeuse Alfa Laval. Nous avons écarté la
première comme étant une machine délicate et facilement
déréglable, pour nous attacher à la seconde, beaucoup plus
robuste et dont l'automatisme est absolu. Nous l'avons vu
fonctionner à Frocourt, dans une étable de 110 têtes ; des
installations semblables existent dans les environs de St-
Quentin, chez MM. de Moustier, à Caulaincourt, Lequeux
Dupont, à Auguilcourt ; Sauvanet, à Levergies, etc., à la
satisfaction des propriétaires.

La traite mécanique s'est maintenant évadé des erre-
ments du début, et les machines à pulsations qui réalisent
la traite en deux temps sans succion exagérée réalisent une
traite parfaite. Au point de vue technique, rien à leur reprocher, la traite est absolument normale. Au point de vue
économique, la fourniture et la mise en place de la double
tuyauterie avec la pulso-pompe, 6 appareils trayeurs, 2
seaux supplémentaires, les appareils de contrôle, les tubes
et tous les accessoires reviendront à 20.000 francs.

L'économie de main-d'œuvre ne provient pas de ce
qu'une vache est traite plus rapidement, il faut exactement
le même temps qu'à la main, mais avec notre installation,
6 vaches sont traites simultanément, avec pour l'opération
1 homme et 1 aide, alors que pour la traite à la main, il
faut 4 hommes. L'économie de main-d'œuvre est considérable.

Mais attention, n'oublions pas que dans une ferme le
personnel est éminemment sédentaire et non spécialisé, et
qu'il ne servirait à rien de supprimer 2 hommes pour la
traite s'il fallait les réemployer pour la manutention générale de la vacherie. C'est là que ressort tout l'avantage de
notre système Louden, avec sa facilité de manutention, car
il nous permet de supprimer entièrement 2 hommes. Le

Louden ne servirait de rien sans la traite mécanique et inversement.

Concluons : Notre projet B nous coûte :

Bâtiment .... 75.000 frs
Louden .... 60.000 frs
Alfa Laval .... 20.000 frs
____
155.000 frs

Le minimum de ce que nous devions dépenser était notre projet C, soit 115.000 francs. La différence est donc de 40.000 francs. Cet excédent de dépenses nous permettant de nous passer complètement des services de 2 vachers (il y en a en ce moment 4) nous économiserons par an : 700 fr. $\times$ 2 $\times$ 12 = 16.800 fr. 42.000 francs qui rapporte 16.800 francs cela fait du 42 %. Ce n'est pas un capital trop mal placé.

Donc, malgré ce qu'on en croit ordinairement, à Brocourt c'est l'installation la plus chère qui revient en définitive le meilleur marché.

Outre cet avantage pécuniaire, nous avons celui de pouvoir employer le cas échéant n'importe quel personnel si le vacher s'en va, sans aucun préjudice pour les bêtes puisque avec la trayeuse Alfa Laval la traite est toujours uniforme et égale à elle-même, tous les organes étant automatiques et non réglables, on ne peut varier la forme de la traite. Les vaches ne subissent pas la chute de lait constatée chaque fois que l'on change de vacher à la traite à la main.

En outre, la vacherie est toujours propre, en raison de la grande facilité du nettoyage : les mangeoires ne sont cloisonnées à une extrémité que par une paroi mobile en ciment ; pour le nettoyage, on balaie la mangeoire d'un bout à l'autre et l'on fait tomber les détritus par la paroi enlevée. L'enlèvement des litières peut se faire en deux temps : avec le collier rigide et les bas-flancs fixes, la vache ne peut souiller que la partie postérieure des litières, partie enlevée tous les jours grâce à la benne à fumier. On ramène alors en arrière la litière propre qui était en avant et on remplace cette dernière. La paille étant neuve, les vaches ne sont pas souillées.

Pour contribuer à donner plus d'allure à la vacherie (ce qui présente un réel intérêt dans une vacherie de reproduction souvent visitée par les acheteurs) nous ferons un badigeonnage général au lait de chaux. Cet enduit est excellent, mais a l'inconvénient de se détruire assez vite. Comme le fait justement remarquer notre camarade Louvard dans sa monographie « Roquefort et son fromage, » on ignore généralement que le petit lait introduit dans le lait de chaux, agglutinant du produit minéral, constitue un excellent mordant sur la maçonnerie. Nous l'emploierons.

Si notre étable doit être très propre, la laiterie doit l'être encore plus. Nous la logerons dans un des locaux de 4 m. 70 sur 4 m. 25, situés juste derrière la salle des rations. Dans un coin, nous aurons sur un socle en maçonnerie la pulso-pompe, avec calé sur son arbre un moteur électrique de 3 CV. Le grand côté sera occupé par un vaste évier au dessus duquel nous disposerons un égoutoir pour les appareils à traire (le lavage de ceux-ci est automatique : après chaque traite, la pompe fonctionnant, on plonge les gobelets dans un seau d'eau tiède. L'eau entraîne les particules de lait. Il faut faire ce nettoyage juste après la fin de la traite, sinon les restes de lait auraient le temps de sécher, et ne se détacheraient pas par l'eau tiède).

En résumé, la nouvelle vacherie, telle que nous la concevons semble réunir les deux éléments : pratique, économique, que nous nous étions proposés.

Ecurie

L'écurie est un bâtiment de 36 m. 35 de long sur 7 mètres de large (dimensions extérieures). Conçue en même temps que la vacherie et par le même architecte, elle lui ressemble étonnamment extérieurement : mêmes matériaux, la brique, mêmes fenêtres, mêmes portes, même grenier, même style. Les murs ont également 0 m. 35 d'épaisseur.

Voyons la disposition intérieure.

A l'extrémité Est du bâtiment nous trouvons deux locaux de 4 m. 20 sur 3 mètres séparés entre eux et de l'écurie par une cloison en briques de 0 m. 25. Ce sont des écuries à poulains. Elles prennent jour chacune par une fenêtre de 1 m. 20 sur 0 m. 80 percée dans les murs de façade. Elles communiquent avec l'extérieur chacune par une porte de 1 m. 30 de large percée dans le pignon.

L'écurie proprement dite, qui occupe le centre du bâtiment a 26 mètres de long. Elle est disposée à un seul rang tête au mur, du côté opposé à la cour. L'emplacement réservé aux chevaux est divisé en cinq compartiments par une cloison transversale en briques de 0 m. 11 d'épaisseur et 1 m. 60 de hauteur. Chaque stalle à 5 m. 20 de large et 3 mètres de longueur, du mur au caniveau. Elle loge une attelée de 4 chevaux, séparés entre eux par un bas flanc mobile.

Le sol des stalles est en béton, il présente une pente de 2 centimètres par mètre vers un caniveau en briques allant d'un bout à l'autre de l'écurie.

Le couloir a 3 mètres de large, il est pavé de briques de champ, présentant une légère pente vers le caniveau. Le mur bordant ce couloir porte des supports en bois où sont accrochés les harnais des chevaux.

On accède à l'écurie par deux portes à deux battants de

3 mètres de large disposées de part et d'autre de l'axe du bâtiment, et à 6 m. 75 de celui-ci. Chaque porte est encadrée de deux fenêtres de 1 m. 20 dont l'axe est éloigné de 4 m. 50 de l'axe de la porte et de celui de la suivante. Ces fenêtres sont d'une seule pièce, s'ouvrant en basculant sur leur partie inférieure. L'air n'arrive donc pas directement sur les animaux et a le temps de se mettre à la température générale du bâtiment. Du reste ces fenêtres sont peu souvent ouvertes, sauf en été, car on possède un excellent moyen d'aération : dans le mur opposé, donc juste au-dessus des chevaux, l'architecte a ménagé 13 chicanes d'un modèle très simple, de la taille d'une brique, avec décalage latéral à mi-épaisseur du mur. L'air est ainsi constamment renouvelé, mais sans aucun courant d'air, même par vent très violent.

Pour la distribution des aliments, un râtelier de fer est accroché à 1 m. 60 au dessus du sol. Dès que le hachage des pailles et fourrages sera complètement appliqué, il ne servira plus qu'en été, pour les fourrages verts. La mangeoire actuelle, en briques avec revêtement de béton a 1 mètre de hauteur et 0 m. 30 de largeur intérieure. Il nous la faudra modifier, conformément à ce que nous avons dit au chapitre des chevaux, pour l'alimentation avec les fourrages hachés. Nous porterons sa largeur à 0 m. 50 de façon que le cheval puisse manger aisément jusqu'au fond de l'auge, en passant sa tête à travers les barreaux que nous disposerons au dessus. Ces barreaux seront en bois rond, espacés de 30 centimètres, ils seront montés sur un bâti de bois fixé à l'encoignure de la mangeoire et du mur par des charnières permettant leur relèvement rapide pour la distribution des aliments et le nettoyage.

L'extrémité ouest du bâtiment est occupée par 2 locaux séparés entre eux et de l'écurie par des cloisons en briques de 0 m. 25 d'épaisseur. L'un d'eux sert de logis à l'étalon. Les dimensions sont : 4 mètres 95 de long sur 2 mètres 55 de large. Il prend jour sur le mur de façade par une fenêtre de 1 m. 20, et communique avec l'extérieur par une porte de 1 m. 30 sur le mur de pignon. En outre, 2 chicanes assurent l'aération. L'autre local, plus spacieux de 4 m. 95 sur 3 m. 50, était anciennement une remise. Par manque de place, on l'a converti en écurie à poulains. Elle prend jour sur le mur de façade par une fenêtre de 1 m. 20. Une porte de 3 mètres, à double battant ouvre sur le mur de pignon. Ces deux locaux sont pavés en briques de champ.

L'écurie a une hauteur de 3 m. 50, ce qui assure un cube d'air considérable, mais non excessif. Le plafond est constitué par des fers à T, disposés transversalement au bâtiment, donc reposant directement sur les gros murs. Ceci est permis par la faible portée du bâtiment et diminue considérablement le prix de la construction par rapport à celui de la vacherie où l'on était forcé d'établir des poutres intermédiaires en ciment armé. Ces fers sont réunis par des voutins de briques recouverts de part et d'autre d'un enduit de ciment.

Le premier étage est occupé par un grenier à grains. La hauteur du faux plancher au faîtage est de 3 m. 80. La hauteur libre des murs est de 1 mètre. On communique avec l'intérieur par 4 portes fenêtres disposées au-dessus des fenêtres de l'écurie, de part et d'autre des portes de celle-ci. Ce sont des portes à deux battants, de 1 m. 20 de large et 2 m. 50 de haut, dont la partie supérieure est occupée par un vitrage assurant l'éclairage du grenier.

Tel qu'il est, ce bâtiment remplit bien le but auquel il était destiné, soit d'être une pratique et saine écurie de travail. Vingt chevaux, 10 poulains et 1 étalon peuvent y loger.

Mais cette écurie ne suffit pas pour loger toute la cavalerie. M. Ennuyer en a fait construire une autre, dans un corps de ferme qu'il possède dans le village même d'Omissy. Cette dernière est plus spécialement réservée aux poulinières en raison de la disposition intérieure qui leur convient mieux.

Le bâtiment a extérieurement 26 mètres sur 8 m. 50 de large ; construits en briques, les murs ont 35 d'épaisseur. Nous comptons dans la longueur 8 boxes, et le long d'un pignon 2 autres, soit en tout 10 boxes disposés en coin, à l'opposé des portes d'accès le long d'un couloir de service. Chacun des boxes du mur de façade a pour dimensions 2 mètres 75 de large sur 4 mètres de long, avec comme aménagement intérieur 2 mangeoires de coin et un râtelier. En temps ordinaire, on peut y loger 2 chevaux et après le poulinage, une mère et son poulain.

Les boxes sont séparés entre eux et du couloir par une cloison en briques de 0 m. 11 d'épaisseur et de 1 m. 65 de haut. Une porte de 1 m. 30 met en communication le box et le couloir. Une rigole le long de ce dernier collecte le purin. Le couloir a 4 mètres de large, ce qui est excessif et constitue à notre avis un grave défaut, car on pouvait ramener facilement cette largeur à 3 mètres, ce qui diminuait d'autant la portée du bâtiment. La hauteur est de 3 mètres, ce qui contribue à maintenir une bonne chaleur, recherchée dans un bâtiment d'élevage.

Deux portes à glissières, de 3 mètres de largeur ouvrent sur la façade ; elles sont surmontées d'un vitrage. L'éclairage est complété par une fenêtre de 1 m. 50 sur 1 mètre percée entre les 2 portes, et deux petites fenêtres de 0 m. 80 sur le pignon. On peut trouver le bâtiment un peu obscur, ce qu'il est en réalité, mais vu son emploi, nous ne considérons pas ce point comme un défaut. Ce que nous regrettons, c'est l'absence de chicanes dans les murs, afin d'assurer une aération rationnelle. Des cheminées seraient toutes indiquées. Un faux plancher en ciment et fer en U soutient un grenier semblable à ceux précédemment décrits. On y accède par un escalier intérieur. Une seule porte-fenêtre, au-dessus de la fenêtre du mur de façade met directement le grenier en communication avec la cour.

Comme on a pu se rendre compte, les écuries sont saines et suffisamment spacieuses pour assurer le confort des animaux. Nous proposons simplement une petite amélioration, en l'espèce des abreuvoirs automatiques. C'est là une sage précaution qui évite bien des coliques, surtout en été, et qui fait prendre l'habitude aux chevaux de se désaltérer en plusieurs reprises et non pas en absorbant d'un coup une énorme quantité d'eau qui les alourdit, les amollit pour le travail et rend difficile la digestion. Ils ont également l'avantage de simplifier la manutention le dimanche, n'ayant plus nécessité de sortir les chevaux pour les faire boire. Enfin, ils sont à peu près indispensables aux poulinières pour qui l'eau froide est très néfaste. Nous avions tout d'abord pensé aux abreuvoirs du type « Le Lac » qui sont de petits bacs reliés entre eux et à un réservoir d'alimentation à niveau constant. Dans ces abreuvoirs, la quantité d'eau est toujours la même car son renouvellement est automatique et causé par sa propre disparition, ils conviennent particulièrement bien aux chevaux qui, comme on le sait, boivent du bout des lèvres, très délicatement.

Mais comme il n'y a aucune pression d'eau ils ont l'inconvénient de se boucher assez facilement dans la tuyauterie qui les relie ensemble, et qu'il est assez difficile de dégager. Cet inconvénient eut été intolérable avec les fourrages hachés, qui étant donnés dans la mangeoire sont tout à côté de l'abreuvoir.

C'est pourquoi nous nous sommes rabattus sur l'abreuvoir Louden pratiquement imbouchable puisque avec sa disposition de faux fond robinet, le dépôt de foin ne pourrait qu'occasionner l'afflux de l'eau, dont on s'apercevrait immédiatement. D'autre part, son démontage est si facile et si rapide qu'on peut le faire suffisamment souvent pour n'avoir jamais de foin dans l'augette.

Nous disposerons un abreuvoir pour deux chevaux. Ils seront scellés dans la mangeoire, au moment où nous transformerons celle-ci, donc pas de frais de scellement. Chaque abreuvoir coûtant 140 francs, la dépense totale sera de 2.500 francs.

Nous avons vu chez M. Boullenger, à Moyenneville, une installation ainsi comprise, que les chevaux avaient de suite adoptée et dont le propriétaire était enchanté.

Hangars

Pour rentrer les récoltes nous disposons de deux hangars dans la ferme principale. L'un occupe tout le fond de la cour perpendiculairement à la vacherie. Il a 40 mètres de long sur 8 mètres de large et est peu pratique, les gerbes étant entassées sur une sorte de quai situé de part et d'autre de 3 couloirs de 4 mètres de large où s'arrêtent les voitures ce qui fait perdre beaucoup de place.

Celui que l'on a construit cette année est beaucoup plus pratique. Il est situé en dehors du corps des bâtiments, perpendiculairement à l'écurie. Ses dimensions sont 31 mètres 50 de long sur 11 mètres de large. Il est bâti sur un cadre en maçonnerie de 1 mètre de hauteur au-dessus du sol, et descendu à plus de 1 mètre, en dessous. Dans cette maçonnerie de briques, sont enchassés les poteaux soutenant la toiture. Ils sont au nombre de 8 par côté correspondant 2 par 2 à une ferme. La hauteur verticale du hangar (poteaux plus maçonnerie) est de 5 m. 50. Le faîtage est à 10 mètres de haut. Tous les côtés du hangar sont recouverts d'un bardage de sapin. Les planches ont 4 m. 50 de long, 18 centimètres de large et 1 centimètre 5 d'épaisseur. Les lattes couvre-joints ont 1 cm. 5 d'épaisseur et 4 centimètres 5 de largeur. Ce bardage transforme économiquement le hangar en une jolie grange.

Comme couvertures, il y a sur les deux pignons deux portes opposées, déportées complètement sur le côté du bâtiment, de 4 m. 50 de large sur 4 mètres de haut. Portes d'un seul battant, à glissières. Sur les murs de façade, trois fenêtres-trappes, espacées entre elles de 9 mètres, à deux battants montés sur glissières, de 2 mètres de large et de 1 mètre de haut.

La couverture est en ardoises ; pour assurer l'éclairage, 14 verres dormants sont disposés sur les deux versants.

Les fermes sont espacées de 4 m. 50, elles sont soutenues par 2 poteaux à sections carrées de 24 de côté. Les pièces supportant un gros effort : jambes de force, arbalétriers, etc... ont une section de 11 sur 23, l'entrait est formé de 2 poutres à ces dimensions, accotées. Les autres pièces de charpente ont 8 × 23.

Disons enfin un mot du hangar aux voitures. Il occupe un des côtés de la cour, à l'opposé de la vacherie. C'est un bâtiment d'un aspect peu commun, qui met une note de diversité dans la monotonie des bâtiments. Il est essentiellement constitué d'un hangar flanqué de chaque côté de 2 batiments de briques surmontés eux-mêmes d'un pigeonnier coiffé d'un chapiteau pointu.

Le hangar lui-même, qui occupe donc la partie centrale, a 15 m. 80 de long et 10 mètres de large. Il est divisé en 5 travées de 3 m. 20 de large, chacune correspondant à une ferme. Il offre donc une surface utile considérable. Une distance de 21 mètres le sépare de la fosse à fumier, laissant toute commodité pour évoluer et ranger les voitures.

Le prolongement nord a pour dimensions 4 mètres de long sur 7 mètres seulement de large, il est donc en retrait sur le hangar de 1 m. 50 de part et d'autre de l'axe commun. C'est un bâtiment en briques dont les murs ont 25 d'épaisseur. Les 2 murs de façade montent jusqu'à la toiture du hangar, de telle façon que la charpente de celui-ci et celle du bâtiment se confondent. Le pignon ferme complètement l'ensemble, et se prolonge par le pigeonnier, petite tour carrée de 2 m. 50 de côté, venant s'enficher sur le bord du pignon, et d'une hauteur totale de la pointe à sa base de 4 mètres. Le rez-de-chaussée est divisé en 2 poulaillers, avec chacun une porte de 1 mètre de large. Un des côtés est occupé par un clapier étagé à 7 cases par étage.

Le prolongement nord est identique. Il est occupé par la salle de mélange des engrais. Pour faciliter leur manutention, le rez-de-chaussée a été remblayé de 1 mètre et cimenté. On décharge les charriots à quai par une porte de 2 m. 20 de large et 2 m. 50 de haut. Cette salle a pour dimensions 4 mètres de long sur 6 m. 50 de large et 2 m. 80 de haut. Le mur de pignon est percé d'une fenêtre de 1 m. 20 sur 0 m. 80. On accède au pigeonnier par une porte percée dans le pignon à 4 mètres de hauteur et conduisant dans la charpente sous le pigeonnier.

Cour

La cour est suffisamment spacieuse pour permettre d'évoluer aisément avec n'importe quel attelage, et non excessivement grande pour occasionner des pertes de temps dans les manutentions d'un bâtiment à l'autre.

La fosse à fumier en occupe le centre, et partout autour, il y a un espace libre de 20 à 25 mètres. Actuellement la cour est loin d'être en état : des dénivellations considérables s'y font sentir, et l'hiver la transforme en un véritable cloaque ; mais nous nous empressons de dire que cet état de choses est passager : tous les bâtiments et la fosse à fumier sont établis de niveau, et lorsque toutes les constructions seront complètement terminées, la cour sera remblayée et sans doute partiellement pavée, de la vacherie à la maison d'habitation et à l'écurie.

On a fort bien fait d'attendre ainsi que les travaux soient terminés, sinon le nivellement de la cour eut été certainement à refaire.

La fumière est une simple plate-forme au niveau du sol, de 20 mètres de long sur 25 mètres de large. Elle est bordée d'un mur en maçonnerie de 0 m. 35 d'épaisseur et 0 m. 50 de hauteur. Les angles sont abattus et ouverts. Tous les 3 mètres un poteau de ciment armé est scellé dans le mur, chacun a 1 m. 80 de hauteur et porte deux œillères de fer espacées de 80 centimètres dans lesquelles passent de solides tubes de fer constituant une excellente palissade. Aux quatre coins, ces tubes servent de porte. Cette barrière est très solide et à l'abri de toute détérioration de la part des bovins qui restent en permanence sur la fumière.

La maison d'habitation occupe une très bonne position : dans la cour même, mais suffisamment isolée des bâtiments de l'exploitation pour assurer le bien être des locataires. Elle est construite légèrement en retrait des autres bâtiments, ce qui lui donne un rayon visuel très étendu. Le bureau de M. Ennuyer comporte deux larges baies ; de l'une on voit toute la cour, de l'autre, en avancée, on surveille l'écurie et le nouveau hangar. Dés fenêtres du premier étage, on a une vue sur les terres de culture.

Bergerie

Comme nous introduisons dans la ferme un troupeau de moutons, il nous faut créer une bergerie. Il nous est évidemment impossible de la construire autour de la cour principale, les bâtiments entourant celle-ci ne le permettant pas. D'autre part, le canal passant juste derrière le hangar à récoltes et celui aux voitures, interdit ces deux côtés. De même, il n'est pas de terrain disponible derrière l'écurie où s'élève le nouveau hangar et s'étend le silo à pulpes. Nous avions donc pensé installer notre bergerie parallèlement à la vacherie, en ménageant entre elles deux une cour secondaire comportant une fumière.

Certes, cette disposition était bonne, car elle mettait le troupeau de mouton sous la surveillance directe de M. Ennuyer, au même titre que le reste du cheptel, et la majorité du bétail était ainsi groupée. Mais nous perdons une place considérable, la cour, la fumière et le nouveau bâtiment occupant une largeur de 50 mètres au moins sur toute la longueur du corps de ferme. Or cette surface de près de 1 hectare serait prélevée sur une prairie, et nous savons que celles-ci ne sont pas trop nombreuses à Brocourt. C'est pour cette raison, et aussi parce que le troupeau de moutons est sous la surveillance constante du berger, donc chargeant moins la responsabilité de l'exploitant, que M. Ennuyer a décidé de construire sa bergerie dans le corps de ferme qu'il possède à Omissy.

Rappelons succinctement l'importance du troupeau, afin de calculer la surface nécessaire pour le loger. Le fond du troupeau est formé de 250 brebis mères se renouvelant par tiers tous les ans. Pendant l'hiver, nous avons donc 250 mères, 85 antenaises et s'échelonnant sur cette période 250 agneaux qui seront sevrés juste avant la mise à l'herbe ; soit 335 adultes et 250 jeunes. Pendant l'été, le troupeau n'étant pas parqué, mais rentrant tous les jours, il y aura pendant un certain temps le troupeau d'élevage comportant 250 mères et 85 agnelles, concurremment au troupeau d'engraissement de 165 agneaux et 85 réformes. Ce dernier vendu, il ne reste plus que le troupeau d'élevage.

Le moment où l'effectif est le plus important est évidemment au début de l'été, non pas que le nombre de têtes soit plus grand, mais les agneaux étant plus âgés, occupent plus de place. Mais les 250 bêtes d'engraissement de par leur destination même, ont besoin de moins de place que les animaux d'élevage, car il leur faut le minimum de mouvements. C'est pourquoi, pour établir les dimensions à donner à la bergerie, nous baserons-nous sur l'effectif d'hiver, qui est la moyenne de l'année.

La surface minimum que demande un mouton est de 39 centimètres carrés. Avec celle occupée par les mangeoires et celle nécessaire aux mouvements, on doit la porter à 75 centimètres carrés. Pour loger nos adultes il faut donc 250 mètres carrés, auxquels nous en ajouterons une centaine pour les agneaux. Nous construirons donc un bâtiment de 45 mètres de long et 8 mètres de large.

Quel type de construction adopter ? Tout d'abord nous avions pensé faire un bâtiment léger, très bas avec un faux plancher pour cacher la charpente et entretenir la chaleur. Certes, si l'on considère uniquement le point de vue abri pour moutons, nous devons nous ranger à ce type de construction, car c'est celui qui revient le moins cher tout en assurant un confort suffisant à notre troupeau qui, rappelons-le n'est pas appelé à produire des reproducteurs, mais simplement de la viande. Troupeau de bonne valeur, certes, mais dont le produit ne saurait amortir un batiment trop coûteux.

Mais ne devons-noüs loger que des moutons dans notre bâtiment ? M. Ennuyer est partisan de rentrer toutes ses récoltes et de ne faire que le moins possible de meules. Actuellement c'est impossible, car l'un des deux hangars de la ferme principale sert en partie comme entrepôt à fourrages. L'allongement de la vacherie nous a déjà donné un supplément de place ; nous pourrons réserver en entier le hangar aux gerbes et ainsi tout rentrer si nous emmagasinons du foin au dessus de la bergerie. Nous évitons ainsi la construction d'un hangar dont le prix compense et au-delà le supplément de dépenses que nous serons forcés de faire dans la bergerie.

En deux mots voici l'allure de notre bâtiment : les murs de 45 mètres de long sur 8 de large, sont construits en

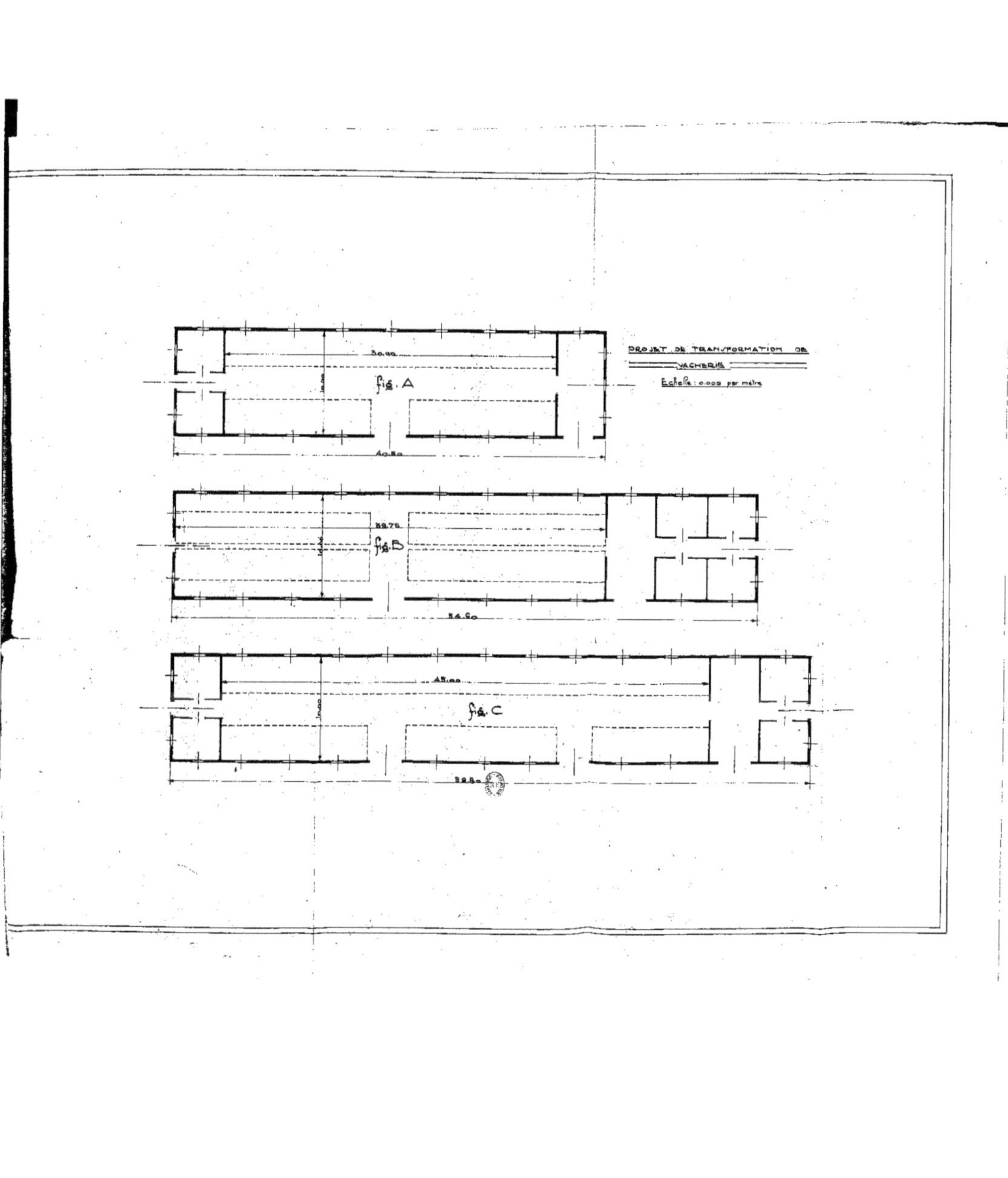

PROJET DE TRANSFORMATION DE
VACHERIE
Echelle : 0.005 par mètre
30.00
fig. A
40.50
39.75
fig. B
54.60
45.00
fig. C
52.50

briques de 35 d'épaisseur. Pour la charpente, elle est formée de fermes espacées de 4 mètres 50. Ces fermes sont
soutenues, dans la partie postérieure du bâtiment par le
mur lui-même, de 4 m. 50 de hauteur. Sur la façade, par
des poteaux de même hauteur reposant sur des dés en
ciment, le mur s'arrêtant à 3 mètres de hauteur. Sur la
façade la toiture présente un auvent avançant de 2 m. 50,
que nous estimons indispensable, sinon la pluie bat sans
arrêt les murs, s'étale en flaques à l'entrée, au grand préjudice des moutons qui comme on le sait craignent l'humidité. De plus, il est beaucoup plus facile de décharger les
voitures de foin dans ce genre de bâtiment que dans ceux
de la ferme principale, où les bottes doivent passer par une
porte étroite et être ensuite envoyées au point où l'on tasse.
Ici, on décharge en ce point même, et en cas de pluie, hommes et attelages sont à l'abri.

La hauteur totale du bâtiment est de 8 mètres, celle de
la bergerie proprement dite, de 3 mètres. Nous avons
adopté cette hauteur comme étant moyenne, car notre
bergerie étant successivement d'élevage et d'engraissement
il faut qu'elle soit à la fois aérée et d'une bonne température ; ainsi, le cubage d'air n'est pas excessif.

Intérieurement le bâtiment sera divisé en 5 compartiments par des demi-cloisons en briques, de 0 m. 11
d'épaisseur et 1 m. 50 de hauteur. Nous ne ménagerons pas
de portes dans ces cloisons, car le fumier atteignant toujours une certaine épaisseur, il est le plus souvent impossible de les ouvrir. Mais nous ménagerons un double
passage pour agneaux, bordé latéralement et à sa partie
supérieure de rouleaux en bois qui les empêcheront de se
meurtrir. En temps ordinaire, ces passages seront fermés
par une porte coulissant de bas en haut. Ces passages nous
seront d'un grand secours au moment du sevrage.

Une porte met en communication chaque compartiment
avec la cour. Les portes des bergeries sont de modèles très

variés. On sait en effet depuis Panurge quelle fâcheuse habitude ont les moutons de se précipiter les uns derrière les autres en se pressant jusqu'à s'étouffer. En voulant passer tous de front par la porte, ils s'écrasent les uns les autres et peuvent provoquer des avortements chez les brebis. Pour les en empêcher on a inventé divers systèmes, comme rétrécir les portes dans le bas, mais ils ont chacun leurs inconvénients, comme pour ce dernier, les bris de pattes. Nous pensons que le mieux est de percer des portes aussi larges que possible de façon que les bergeries puissent se vider très rapidement.

Nous sommes limités par les poteaux soutenant la charpente et qui sont écartés de 4 m. 50, aussi donnera-t-on à l'ouverture une largeur de 3 m. 50. L'embrasure, jusqu'à 1 m. 20 du sol environ sera formée de briques au quart de rond, sur l'intérieur et sur l'extérieur. Le plus pratique comme fermeture est évidemment la porte en 2 parties, s'ouvrant d'abord dans le haut, puis dans le bas, mais nous serions forcés d'avoir un poteau central qui nous rejetterait dans les inconvénients des portes étroites. C'est pourquoi nous installerons des portes d'une seule pièce, à glissières, en ayant soin de recouvrir celle-ci d'un toit de tôle pour empêcher le foin de caler les galets. Une forte planche mobile sera disposée en travers, dans le bas de l'embrasure, pour retenir le fumier. On enlèvera cette planche quand on retirera le fumier afin de permettre au tombereau d'entrer dans la bergerie, l'attelage restant sous l'auvent. Le long de la bergerie sur 2 m. 50 de large, le sol sera pavé, pour éviter l'humidité.

Dix fenêtres perceront le mur opposé aux portes d'entrée. Une sur deux comportera un volet de bois permettant de diminuer l'intensité de l'éclairage si besoin en est. Vingt chicanes du même type que celles de l'écurie aboutiront juste sous le plafond. Elles seront de la grandeur d'une brique de façon que l'on puisse les obstruer aisément. Le faux plancher en voutins de briques et fers en I disposés de mur à mur semblable à ceux déjà décrits.

L'aménagement intérieur très simple, comprendra 3 râteliers-auges simples, du type courant, accrochés aux murs sur 3 côtés de chaque compartiment. L'attache permettra de faire varier leur hauteur suivant l'épaisseur de fumier. Un ratelier double sera disposé au centre du compartiment.

Force motrice

Pour la force motrice intérieure, nous disposons de 3 moteurs électriques. L'un de 3 CV est monté sur brouette, il actionne les petits appareils de la salle des rations, le coupe-racine et le broyeur à tourteaux. Accidentellement on le branche sur la scie circulaire. Le second moteur, de 8 CV est de peu d'utilité, on devra sans doute le remplacer par un 10-12 CV qui actionnera le moulin concasseur et le hache paille qui demandent tous deux une grosse force. Ce moteur sera transportable. Nous avons enfin un 22 CV monté sur charriot, pour la batteuse et la presse à paille, il ne sert qu'en cas de panne du tracteur.

Ce dernier est un 30 CV Fiat, modèle excellent qui donne entière satisfaction à tous points de vue. Il est en service depuis 7 ans, a eu un seul accident en 1924 ayant causé 3.000 francs de réparations. Actuellement on le révise entièrement. Cette opération reviendra à 8.000 francs, mais on aura pour ce prix un tracteur pouvant faire encore un long service. Léger malgré sa force, très maniable, il fait tous les déchaumages. L'hiver on l'emploie aux battages, pour lesquels il n'est pas trop fort, la batteuse débitant 140 quintaux par jour et étant suivie d'une presse.

CHAPITRE IX

Personnel

Une lourde responsabilité pèse sur le chef d'exploitation moderne, celle de la main-d'œuvre. C'est le grand problème social, la question vitale de notre temps, qui se traduit par des obligations et des devoirs peu agréables à remplir, convenons-en, par les chefs d'entreprises, qui n'ont aucune reconnaissance à espérer de ceux qu'ils doivent protéger. On n'a pas le droit de se désintéresser du sort des ouvriers agricoles ; si on ne les aide pas dans un but charitable, on doit les aider dans un but égoïste, pour peu que l'on comprenne ce que signifient ces mots « désertion des campagnes. »

Contre un mal aussi terrible, il ne saurait être question de demi mesures, d'expédients, il faut véritablement des actes. Ne comptons pas trop sur la crise industrielle qui doit toujours se produire, dit-on, et qui ramènera à la terre le paysan qui s'en était écarté ; cette crise est bien problématique, et il faudrait qu'elle sévisse avec une accuité formidable pour que le retour à la terre se produise. Le courant de la campagne vers la ville est aisé, le courant contraire est bien difficile à déclancher. Contentons-nous d'une chose : enrayer le mal, retenir à la terre ceux qui y travaillent encore. Faisons la vie plus facile à l'ouvrier des champs ; de cette façon, nous ne verrons plus les vieux ouvriers agricoles envoyer leurs enfants à l'usine pour qu'ils aient une vie plus douce que la leur.

Que faut-il pour cela ? Au fond bien peu de chose, et l'on reste triste et bien peu fier devant le désintéressement qu'ont montré pour l'ouvrier rural les générations qui nous ont précédé.

Ah ! que nous sommes loin de ces « Maisons de village » si joliment décrites par Funck Brentano dans son livre sur l'*Ancien Régime* : « C'était des associations de familles paysannes sous la direction d'un chef élu ; lequel chef commande aux autres, est le premier assis à table, va seul aux foires et marchés, est seul marqué ès roles des tailles. Les biens mobiliers et immobiliers de la communauté sont à son nom et c'est lui qui conduit les bœufs. Le chef se nommait le Maître, il avait une montre en argent et se nouait à la ceinture une ceinture de laine rouge et verte..... Auprès du Maître, la Maîtresse. Elle commande aux femmes, son département comprend la basse-cour, la cuisine, le filage et le tissage, le linge et les vêtements ; elle a soin des enfants qui vont aux champs..... La communauté avait une grande demeure : la Maison, où chaque ménage avait une chambre communiquant avec l'extérieur. Souvent aussi, les ménages avaient chacun sa demeure particulière ; mais toujours ils se réunissaient en une maison commune, où se trouvait un grand poêle, le foyer, le chauffoir. »

« Le chauffoir était caractérisé par un foyer immense au centre de la pièce, sous une vaste cheminée conique. Tout autour trente ou quarante personnes pouvaient aisément prendre place autour du feu magnifique, un feu de genêts dont les flammes montaient jusqu'au plafond. Les enfants sur de petits bancs, les vieillards en des fauteuils de bois rustique séaient au premier rang. On y faisait la cuisine ; les parsonniers y prenaient leurs repas autour d'une énorme table patriarcale..... »

« Au long des soirées d'hiver, les vieux contaient des faits relatifs à l'histoire de la famille, les exploits du Maître dont la seule voix apaisait les chiens enragés ; leurs vivants récits déroulaient les légendes du pays. Sur les neuf heures, sur un signe du Maître, tous faisaient silence : Enfants les prières... et tous à genoux y compris les mendiants vagabonds qui avaient pris place pour le repas à la table commune, récitaient d'une voix les prières du soir. »

« Nombre de ces maisons de village avaient créé sur leur domaine un hôpital, une ladrerie comme on disait, où les malades et les blessés, fussent-ils étrangers à la communauté étaient soignés et nourris. Pour les pauvres de passage, pour les cheminots, une chambre particulière était réservée ; l'hiver on les logeait dans le fournil, où il faisait bon chaud... »

Certaines de ces maisons furent créées sur ces bases au IXᵉ siècle ! Faut-il maintenant décrire la vie paysanne au cours du XIXᵉ et au début du XXᵉ siècle ? Il n'y a pas lieu de s'en montrer particulièrement fiers, et au lieu de montrer cette pauvreté, nous préférons citer un autre passage du même auteur où est décrite la vie du gentilhomme campagnard et de ses rapports avec ses subalternes :

« L'aristocratie française de la Renaissance est une noblesse rurale. Elle vit sur la terre et de la terre. En son château du Pradel, Olivier de Serres, l'illustre auteur du théâtre d'Agriculture peut être pris pour modèle.

« Comment se passe la journée de notre gentilhomme champêtre ? Le tableau en a été tracé par l'un des plus charmant et des meilleurs d'entre eux, Noël du Fail (1585) « Au verger me trouverez travaillant de mes serpes et faucilles, rebrassé jusques aux coudes, coupant, tranchant et essargotant mes jeunes arbrisseaux ; ou bien au jardin y dressant l'ordre de mon plant, réglant le carré de mes allées, tirant ou faisant découler et venir les eaux ; accomodant mes mouches à miel ; et me courrouçant d'un pied suspendu en l'air, attentif à la taupe et au mulot qui me font tant de mal... »

« Ils n'hésitent pas à aller vendre eux-mêmes les produits de leur domaine au marché de la ville voisine, où on les voit épée au côté et panier au bras. Après une journée bien remplie, sur le tard, après qu'avec leur famille et leurs gens ils ont pris un repas en commun dans la grande cuisine du manoir, ils parcourent leurs prés et leurs champs. De nuit même, ils font des rondes par vignes et vergers, tirant des coups de haquebute pour tenir au loin bêtes, picoreurs et mauvais garçons. Le dimanche enfin, après vêpres, on les voit baton en main, fusil en bandoulière, se promener à travers leur bien pour jouir du bon ordre qu'ils y ont établi et supputer la récolte prochaine... »

« La demeure du gentilhomme est le manoir. En ces manoirs, la pièce la plus importante est la cuisine ; elle en est la plus vaste, la mieux meublée. « Votre cuisine, dit Olivier de Serres, sera exposée au premier étage de la maison, près de votre salle et de votre chambre. Par ainsi, ceux qui sont dans la cuisine, par l'approche de la salle et de la chambre où vous êtes souvent, se trouvent contrôlés, et se trouvent réprimées les paresses, les crieries et blasphèmes des serviteurs. »

« Dans la cuisine, Maîtres et serviteurs ont leurs habitudes. Le seigneur y prend ses repas avec sa domesticité et si quelque paysan tenancier du voisinage vient à l'heure où l'on est à table, les convives se serrent pour lui faire place... »

Voici pour la noblesse paysanne, voyons maintenant pour les paysans aisés. Dans « la Vie de mon Père ». Rétif

de la Bretonne, paysan bourguignon du début du XVIIIe
siècle écrivait : « Le soir, à souper, le seul repas où toute
la famille pouvait être réunie, Edme Rétif (le père) se
voyait comme un patriarche à la tête d'une maison nom-
breuse, car on était ordinairement vingt-deux à table, y
compris le garçon de charrue et les vignerons qui, en hiver
étaient batteurs, le bouvier, le berger et deux servantes,
dont l'une suivait les vignerons et l'autre avait le gouvernement des vaches et de la laiterie. Tout cela était assis à
une même table : le père de famille au bout, du côté du
feu, sa femme à côté de lui, à portée des plats à servir —
elle seule se mêlait de la cuisine. Les servantes qui avaient
travaillé tout le jour, étaient assises et mangeaient tran-
quillement ; ensuite les enfants de la maison, suivant leur
âge qui seul réglait leur rang ; puis le plus ancien des
garçons de charrue et ses camarades ; ensuite les vignerons
après lesquels venait le bouvier et le berger ; enfin les deux
servantes formaient la clôture. »

« C'était le souper, le seul repas qui réunissait toute la
famille — dans cette expression, selon le bon usage, les
domestiques et serviteurs étaient compris ; durant la journée, en effet, les occupations différentes de l'un et de l'autre
ne permettaient pas de rassembler tout le monde au même
moment. Après le souper, le père de famille donnait lecture de quelques pages de l'Ecriture sainte en les accom-
pagnant d'explications et d'observations faites avec
bonhomie. Cette lecture était suivie d'une courte prière en
commun après quoi on faisait réciter à la petite jeunesse
leur dernière leçon de catéchisme. En hiver où les soirées
sont plus longues, le père de famille après la récitation du
catéchisme raconte des histoires, des vieilles légendes du
pays et les faits les plus nouveaux. Chacun peut alors
prendre la parole, on rit, on plaisante. Dans le temps de
l'Avent, on chante de vieux Noëls... »

Nous sommes en présence d'une véritable « Société »

rurale Que ce soient dans les maisons de villages, véritables coopératives de production, au manoir ou chez le simple paysan, le Maître vit en communauté avec ses serviteurs. Chaque maison, chaque clan, chaque exploitation si l'on préfère est une véritable famille, étroitement groupée sous l'autorité mais aussi sous la protection du chef de famille.

Que nous sommes loins de cet état social ! La révolution a passé et a tout emporté. Devons-nous le regretter ? Non, car si elle a détruit de bonnes choses comme l'esprit de famille, elle a aussi supprimé bien des abus ; et une révolution d'un caractère national comme celle de 1789 ne peut marquer que le terme d'une évolution. « Autres temps, autres mœurs » dit le proverbe, il a raison et soyons assurés que les mœurs de l'Ancien régime pour excellentes qu'elles étaient à leur origine, sont inapplicables de notre temps. Est-ce à dire que nous devons les tenir pour lettre morte ? Non certes, car en 1789 comme en toute révolution, la réaction a été trop forte. A un esprit de famille peut-être exagéré, on a fait succéder un individualisme absolu. Nos prédécesseurs n'ont pas su corriger cette erreur, et dans la société actuelle, éclate cette monstruosité : l'individu seul compte. Les bases de notre société reposent sur cette chose si frêle, si fragile, si éphémère : l'individu. Quelles pauvres fondations !

Si nous voulons sauver l'édifice, il faut les consolider. Il faut que nous y coulions un solide béton qui réunissent ces pierres éparses, il faut que nous en fassions un bloc puissant qui constituera une assise résistante. Ce béton, c'est le lien impalpable, le lien qui semble bien fragile mais qui est indestructible, c'est l'esprit de famille. L'individualisme doit disparaître comme a disparu la communauté. On doit les remplacer tous deux par la famille.

Et c'est la lourde responsabilité qui pèse sur l'élite rurale actuelle, de déclencher, de soutenir, de faire aboutir cette évolution. C'est parmi l'ouvrier agricole que l'on compte le plus de célibataires, le plus d'unions libres, et pour cette odieuse raison qu'il fait peine d'avouer : ils n'ont pas de toit où s'abriter. Seule la maison ouvrière ramènera à la campagne l'esprit de famille, et seul celui-ci donnera à l'ouvrier l'ambition qui le tirera du cabaret, qui le délivrera de l'alcoolisme ; en travaillant pour ses enfants en se dévouant pour quelqu'un, il s'évadera de cet égoïsme si décevant qui le forcerait à se dire à son heure dernière : je ne laisse rien, je n'ai servi à rien.

C'est du reste l'opinion de M. Ennuyer que la seule façon d'avoir un personnel stable est d'employer des pères de famille, et pour ce, avoir des maisons ouvrières. A Brocourt, il y en a en ce moment 12, dont 8 formées de baraques militaires mais sur soubassement de briques et couvertes en dur ; elles sont aussi confortables que les autres. (jusqu'à cette année, M. Ennuyer habitait l'une d'entre elles). Cette année, on a construit 8 nouvelles maisons, disposées par groupes de deux. Chacune comporte 5 pièces dont 4 chambres de 3 mètres sur 4 et une cuisine de 5 mètres sur 6. Elles ont l'eau et l'électricité et reviennent à 32.000 francs pièce.

Les ouvriers y sont logés gratuitement ; ils ont en outre un jardin de 12 ares et en plaine un carré de pommes de terre de 10 ares par famille avec enfants, et 6 par famille sans enfant.

On trouve donc réalisé à Brocourt ce que nous recommandions tout à l'heure.

L'ouvrier y est-il heureux ? Il a tout pour l'être, et néanmoins son esprit n'est pas ce qu'il devrait être, il se plaint, il maugrée. On doit en rendre responsables les gros salaires et surtout leur mode de distribution : les charretiers touchent 600 à 650 francs par mois et en sus les avantages énoncés plus haut ; leur travail n'est pas astreignant, ils touchent de gros salaires sans avoir l'impression d'avoir fourni un travail excessif pour le gagner ; résultat : ils tiennent peu à un argent si facilement gagné et ont perdu tout esprit d'économie. Après la paie, ils font de gros achats étourdis et inutiles, et à la fin de la quinzaine ils n'ont plus d'argent. Réflexion logique pour eux : ils ne gagnent pas assez, alors qu'en réalité leur misère vient de ce qu'ils gagnent de trop.

Voyons si tout en leur conservant le même salaire total, on ne pourrait leur donner le sentiment d'avoir eu du mal à le gagner, et surtout d'en avoir gagné une partie par un travail supplémentaire et librement consenti, qui est la meilleure façon de ramener l'esprit d'économie, car, si l'ouvrier fait peu de cas de son salaire, il n'en est pas de même de ce qu'il touche en sus.

Mettons en vigueur un système de primes tel que celui qui existe chez MM. Boullenger, à Moyenneville, qu'il nous sera facile d'établir, notre genre de comptabilité nous donnant automatiquement le travail journalier de chaque homme.

La service des primes (1)

« Au lendemain de la guerre, la main-d'œuvre ne comprenait plus guère que des vieillards ou de jeunes hommes prêts à partir pour la ville. Les autres avaient été tués. Il fallait donc retenir cette main-d'œuvre par des salaires élevés. MM. Boullenger pensèrent avec juste raison que la vraie solution était bien le salaire élevé, mais le salaire équitable, proportionnel à la quantité de travail fournie. »

« La grosse difficulté fut d'organiser le barème des primes. En deux ans, on détermina pour tous les travaux où ce système est applicable, quelle est la quantité de travail

(1) Pierre Meaume : Rapport de Moyenneville.

qu'un ouvrier peut fournir dans des conditions normales, difficiles et très difficiles. On établi ensuite le salaire à payer pour tous les excédents de travail au-dessus de la normale. Les primes vont en augmentant à mesure que l'excédent grandit. »

« Les résultats sont excellents : deux ouvriers font maintenant le travail de trois et gagnent aussi comme trois. Cette organisation complète très heureusement la participation aux bénéfices ; la mentalité est excellente : l'ouvrier n'est plus un salarié mais un entrepreneur. La qualité du travail reste bonne ; les mauvais ouvriers s'éliminent automatiquement ou par les soins du chef de culture. Les attelages ne sont pas surmenés, les instruments sont toujours entretenus car le petit entrepreneur songe à l'avenir : s'il fatigue ses animaux, il sait que le lendemain il ne pourra pas leur faire rendre le maximum. »

« Le seul inconvénient est la grosse organisation du début et le contrôle journalier ; un stagiaire rémunéré est uniquement occupé à mesurer les surfaces travaillées chaque jour et à calculer les primes à l'aide du barème. Pour les moissonneuses, la chose est plus facile : il suffit de noter l'indication du compteur de gerbes qui a été monté à cet effet. »

« Ce service fonctionne très régulièrement depuis 1922. Les ouvriers de Bellevue ont demandé les premiers à bénéficier de ce service. »

La participation aux bénéfices (1)

« Cette organisation est destinée à s'attacher, le personnel et à améliorer son travail et sa condition en l'intéressant directement à la prospérité de l'exploitation. »

(1) Pierre Meaume : Rapport de Moyenneville.

« Jusque là, cette participation n'avait été envisagée que par des théoriciens. L'application n'avait jamais été faite et l'on pouvait craindre de sérieuses difficultés : le personnel devant participer aux bénéfices voudra prendre part à la direction, exigera des comptes, sera mécontent les années déficitaires ; la comptabilité sera très difficile à établir pour faire une réparation équitable, etc... Toutes ces objections avaient été posées, MM. Boullenger les réduisirent toutes à néant en adoptant le système suivant :

« La participation des ouvriers est appelée gratification. Il est déclaré qu'elle est proportionnelle aux bénéfices et divisée en 25 parts qui sont elles-mêmes susceptibles de divisions en huitièmes, quart, demi et trois quarts de part. Ces parts sont distribuées à ceux qui remplissent les conditions très exactement déterminées par les statuts. S'il ne se trouvait pas assez d'ouvriers dans les conditions voulues pour toucher toutes les parts, le surplus ferait le profit de la Caisse de Secours Mutuels. Au contraire, s'il se trouvait trop d'ouvriers dans les conditions voulues pour absorber la totalité des parts, les nouveaux venus attendraient qu'une fraction de part deviennent libre. »

« Les conditions voulues pour avoir droit aux parts sont relatives à l'âge, à la situation de famille et à l'ancienneté dans la maison. Il est dit que le comptable aura le triple de ce qu'il recevrait s'il était simple ouvrier, les contre-maîtres, chacun le double, et les maréchaux une fois et demie. »

« Cette organisation extrêmement hardie dans sa conception, simple dans son application, a toujours donné des résultats satisfaisants, sans qu'on n'eût jamais besoin de modifier les statuts primitifs. »

« On pourrait lui reprocher de ne pas faire une répartition proportionnelle aux bénéfices retirés de telle ou telle spécialité à laquelle n'a travaillé qu'une catégorie d'ouvriers. Il est facile de répondre que la chose deviendrait pratiquement irréalisable et que, d'autre part, les bénéfices proviennent en agriculture du travail solidaire de tout le personnel et qu'enfin la qualité des ouvriers est à peu près la même avec une telle organisation : les mauvais s'améliorent ou disparaissent quand ils sont considérés comme inférieurs. »

. . . .

(1) « La grande directive réside dans l'action désintéressée pour rendre service par tous les moyens possibles ; pour rentrer en contact avec tous et sur tout autre terrain que celui du patron et de l'ouvrier. »

« Cette formation sociale qui doit être l'œuvre des laïques, prépare la formation chrétienne qui sera l'œuvre du prêtre. Moyenneville est un bel exemple de cette évolution : jusqu'en 1903, on ne compte que deux hommes qui font leurs Pâques : actuellement on compte 4 à 500 communions pascales. »

« Et si maintenant nous cherchons l'organisation de la société dans ce village de Moyenneville, que trouvons-nous ? »

« Nous y trouvons des familles rurales travaillantes et vivantes, placées sous le patronage d'une famille d'élite qui lui assure la protection. »

« C'est là le type des sociétés prospères telles qu'elles nous ont été décrites par M. Roger Grand, Professeur à l'École des Chartes, dans sa remarquable conférence sur l'importance et l'évolution du domaine rural. La « Villa » des temps Gallo-romains, la société féodale du XIIIᵉ siècle étaient organisées sur le même type et étaient très prospères. Quant le type s'est aliéné, la prospérité a disparu. De nos jours, il en est de même ; on recherche maintenant quel sera l'organe de patronage par le moyen des syndicats,

____

(1) Pierre Meaume : Rapport de Moyenneville.

des mutuelles, de la presse, toutes organisations à l'échelle
de notre vie intense qui s'étend au loin par des moyens de
communications bien développés. Moyenneville nous donne le type réduit de la société telle qu'il faut l'organiser. »

« Voici le travail ; où sont les travailleurs ? Ce sont tous
les patrons qui doivent, comme MM. Boullenger, commencer par prendre contact avec leur personnel par tous
les moyens et toujours les plus désintéressés. La tache sera
d'ailleurs maintenant beaucoup plus facile, car nous avons
non seulement des exemples, mais aussi des lois sociales
qui n'existaient pas quand MM. Boullenger organisèrent
leur œuvre. »

« L'heure des agriculteurs a sonné : c'est à eux, une fois
de plus à refaire la prospérité de la France. Depuis le XIXe
siècle, l'industrie menace de nous étouffer. Relevons-nous,
car il est grand temps. M. Mussolini, lui l'a bien compris.
Son programme social est excellent et il doit être le notre
aussi : « Refaire la famille forte, maintenir le bien familial
et faire prospérer l'agriculture, car notre pays sera un pays
agricole ou rien. »

CHAPITRE X

Projets Généraux

§ 1. — La question de la chaux

Le domaine de Brocourt est situé en plein centre de la fameuse zone rouge, comme nous l'avons dit dans les généralités sur la région. C'est dire l'état dans lequel M. Ennuyer a retrouvé ses terres après l'Armistice. Pas une place qui n'ait été pilonnée, bouleversée, martelée par les obus tant ennemis qu'alliés. Le résultat fut un remaniement complet du sol, les zones sous-jacentes au limon cultivé se sont mêlées à lui et parfois ont pris sa place, l'argile à silex par endroits, les parties argileuses du limon en d'autres se sont trouvées remontées à la surface, toutes ces assises, traversées sans cesse par les eaux de pluie et non soumises aux marnages de nos pères sont dépourvues de chaux, absence encore accrue par l'impossibilité de faire des marnages depuis la guerre, en raison de l'élévation des prix de la main-d'œuvre.

M. Ennuyer juge cette question si sérieuse qu'il la pose comme une condition sine quâ non à la réussite de chaque culture. Lui qui est betteravier dans l'âme ne peut comprendre la betterave que dans le milieu qu'elle affectionne; c'est un crime de lèse majesté que de la semer dans une terre non absolument pulvérisée. Mais que servent les façons culturales, que sert de semer en terre fine si à la première pluie le sol se plaque et forme une croute impossible à traverser par la plantule. Que sert de travailler le sol si l'absence de chaux annule ce que l'on fait. Cela est tellement vrai que l'on n'hésite pas à acheter tous les ans 300 tonnes de chaux, qui reviennent à 90 francs la tonne rendue à la ferme. Mais ce ne peut être là qu'une solution provisoire ; on ne peut envisager de sortir tous les ans une pareille somme alors que d'autres procédés peuvent être mis en vigueur.

On a le choix entre la chaux produite dans la ferme ou l'épandage de craie pulvérisée. Le marnage ne peut même être envisagé, non tant qu'il est à un prix prohibitif, mais que l'on ne trouve personne pour le faire.

L'épandage de craie pulvérisée est certes une solution non dépourvue d'attraits, des appareils comme le broyeur « La Gerbe » donnent toute satisfaction, et à part le charroi occasionné par le poids de craie assez important à incorporer au sol à chaque épandage, il n'y a aucun inconvénient provenant du broyage lui-même ; mais on peut reprocher à la craie pulvérisée d'être d'une action lente, de n'être pas sous une forme assimilable par la plante, et que dans la transformation qu'elle subit dans le sol, une grande partie est entraînée par les eaux de drainage ; cet inconvénient devient grave, si l'on considère le prix de revient de ce produit qui, en raison de la quantité plus grande à mettre à l'hectare, coûte plus cher que la chaux.

A notre époque, tout doit se faire rapidement ; l'homme d'affaires moderne conçoit mal l'investissement de capitaux qui ne commenceront à rapporter que dans de nombreuses années. Il ne comprend qu'une chose : placer des capitaux dans une affaire pour les en retirer augmentés le plus tôt possible et les replacer ailleurs. Ce n'est pas par amour de la spéculation ; s'il risque ainsi à tout moment de perdre sa fortune ou de l'accroitre, ce n'est pas par amour du risque, c'est simplement parce que le courant des affaires l'y entraîne et ce courant n'est que le reflet de notre temps.

Dans un autre ordre d'idées et d'une façon moins frappante, moins saisissante parce qu'il est attaché à ses traditions et que la nature met un frein à ses entreprises, l'agriculteur a changé peu à peu son système de culture, il l'a intensifié, souvent même, comme à Brocourt, dans d'énormes proportions. Après avoir considéré la terre comme la « mère nourricière » qui donne à manger à ses enfants par amour pour eux sans exiger aucune rétribution, on s'est avisé qu'en la payant elle rapportait plus, on lui a donné des engrais, mais ce n'était là qu'une « restitution. » Ensuite, on lui a fait quelques avances, les marnages, mais c'était des avances à très grande échéance. Maintenant il faut qu'elle rapporte, et tout de suite ; ce n'est plus une mère, c'est une machine, elle transforme ce qu'on lui donne. A l'agriculteur de savoir lui donner ce qu'il faut pour obtenir ce qu'il veut sans détériorer la machine, à lui de mettre dans la cornue les produits qui conviennent le mieux, sont les moins chers sous une forme rapidement transformable et qui s'équilibrent les uns les autres, compensant chacun ce que l'autre a de nocif et ajoutant à ce qu'il y a d'utile.

Dans notre siècle individualiste, on travaille pour soi, non pour les successeurs, non pas qu'on laisse à ceux-ci un patrimoine amoindri, il est même augmenté, mais les parents veulent eux-mêmes en profiter et ne le céder à leurs enfants qu'après avoir épuisé leur part.

Comme application pratique, en raison du prix de revient actuel de toute opération culturale et des capitaux investis dans une ferme, il est non pas ruineux, mais on n'a pas le droit, socialement parlant de faire des avances à la terre. Plus de marnages ; du chaulage !

Nous voyons venir contre nous, rangée en bataille, toute l'armée des vieux adages : « la chaux enrichit le père et ruine le fils » etc... Pour excellents qu'ils étaient à l'époque où on les a émit, ces principes sont devenus faux ; on doit dire maintenant : « la chaux enrichit le père et le fils. » En effet, que reproche-t-on à la chaux, sinon d'épuiser le sol ; à notre avis ce n'est pas là un défaut mais bien sa plus belle qualité, car c'est la preuve de son activité. La marne ou la craie pulvérisée sont des matières inertes se bornant à céder une partie de leur carbonate de calcium aux plantes, à précipiter l'argile colloïdale, et seulement après avoir subi une transformation pendant laquelle une grande partie s'en perd. D'action chimique, aucune.

La chaux au contraire est directement assimilable par les plantes, et si son action physique est la même que celle de la marne, son action chimique est toute autre. Nos terres de limon sont riches en potasse et l'on sait l'importance prépondérante qu'on accorde chaque jour de plus en plus à cet élément. Or, la majeure partie de la potasse y contenue se trouve sous forme de silicates doubles d'alumine et de potassium, rigoureusement insolubles et inattaquables par les sucs des plantes, la betterave mise à part, quoique les avis soient partagés sur les résultats d'expériences peu probantes. La chaux, offre le grand avantage d'agir sur ces silicates et de déplacer la potasse qui ainsi peut être absorbée par les plantes. D'énormes quantités de cet élément, qui étaient inutiles, sont ainsi récupérées.

Il est inutile de rappeler l'action bienfaisante exercée par la chaux sur la nitrification. Son seul défaut, d'importance il est vrai, est que la chaux brûle l'humus. Cet inconvénient n'existe pas pour nous, car nous avons suffisamment de fumier pour compenser et bien au-delà, les déperditions d'humus : « qui chaule sans fumier, se ruine sans y penser. »

Comme nous le disions plus haut, l'achat de la chaux ne peut être que passager, car son prix très élevé ne permet pas d'en importer une quantité suffisante ; à Brocourt, il en faudrait 600 tonnes par an, et on en achète seulement 300, malgré le canal qui passant contre la ferme, réduit au minimum les frais de transport. M. Ennuyer était décidé à construire et exploiter à frais communs un four à chaux avec deux de ses voisins, il y a deux ans déjà. Malheureusement, au dernier moment, plusieurs autres cultivateurs demandèrent à se joindre à eux, et grossissant, cette association devint une coopérative d'une vingtaine de membres, nombre trop important qui amena des tiraillements, chacun voulant faire partie du Conseil d'administration ; tant et si bien que le projet fut dénoncé. M. Ennuyer a gardé tous les documents et compte réaliser le four à chaux sur sa base primitive de trois associés.

Ce sera un petit four campagnard au débit annuel de 2.400 tonnes, il sera établi à côté d'une carrière à air libre, appartenant à l'un des associés, cette carrière ouvrant sur un monticule de pierre à chaux de 15 mètres de haut qui constitue une réserve de matières premières presque inépuisable. Le charbon viendra économiquement par le canal.

Le four à chaux et l'achat du terrain coûteront 50.000 francs. Le coopérateur à qui appartient la carrière sera évidemment dégrevé d'une partie des frais.

La main-d'œuvre sera fournie par les coopérateurs, à raison de deux hommes chacun, alternativement. Le four à chaux restera éteint les trois mois d'été, le personnel étant employé dans les fermes.

Le débit du four est assez important pour permettre de faire des réserves de chaux et épandre celles-ci sur les éteules, de façon à l'enfouir par le déchaumage.

§ 2. — **Projet de minoterie boulangerie coopérative**

Le but que nous poursuivons depuis le début de ce travail est de chercher à obtenir le maximum de rendement sur cette ferme, d'en retirer le maximum de revenu, et ceci par une juste répartition des cultures subordonnées à l'importance du bétail ; augmentation du nombre de têtes du cheptel par une plus judicieuse distribution des aliments. Nous avons vu par le tableau d'affouragement, que l'importance nouvelle de notre bétail n'était pas excessive puisque nous avions grandement de quoi le nourrir.

Jusqu'à présent, nous n'avons envisagé pour atteindre notre but, que les moyens que nous pouvons mettre en œuvre dans l'exploitation elle-même, c'est à dire de chercher à en retirer le maximum de productivité pratique. Celui-ci ou peu s'en faut étant atteint, voyons s'il n'y a pas d'autres moyens en dehors de la production.

Le principal fait qui grève le métier d'agriculteur est qu'il est avant tout un producteur. Or, aussi illogique que cela soit, ce ne sont pas les industries productrices, les industries de base qui gagnent de l'argent et le parent pauvre de celles-ci est certainement l'agriculture, la plus divisée d'entre-elles, ce sont les industries transformatrices et encore plus les industries, si toutefois on peut leur donner ce nom, intermédiaires qui prennent la majorité du bénéfice qu'est en mesure d'assurer un produit livré à la consommation.

Donc, l'agriculteur soucieux de son intérêt ne doit vendre que le moins possible de produits bruts, à la condition toutefois que le milieu dans lequel s'exerce son activité se prête à la transformation de ces produits. D'une façon générale, il est plus avantageux de vendre les betteraves telles quelles, en raison du monopole d'Etat sur l'alcool qui gêne si fortement les distillateurs de betteraves en ne leur ouvrant que le marché de l'alcool industriel; et d'autre part, l'industrie sucrière, en sa puissance, ne peut tolérer les sucreries coopératives. D'ailleurs, nous avons ici un contrat dons les termes sont assez avantageux pour nous en tenir à lui. De même, par la proximité de Saint-Quentin il est plus lucratif de vendre le lait en nature que de le transformer en beurre, fromage ou viande. L'avoine, les fourrages et les pailles sont évidemment vendues sous forme de viande et de lait ou utilisées sous forme de travail.

Il ne nous reste plus que le blé. A Brocourt, c'est une des plus importantes source de revenu qui de ce fait mérite de retenir notre attention.

Presque partout, le blé est vendu en nature, mode certes intéressant lorsque, comme ici, la bonne qualité de la terre et la culture précédente de betteraves procurent un rendement élevé pour des frais moyens. Mais dans un même pays, ces frais, ou si l'on préfère, le prix de revient du blé, sont stables, ils n'ont que peu varié au cours de ces dernières années, et s'ils ont varié, ce ne fut jamais dans le sens de la baisse. Logiquement, le prix de vente eut dû suivre le prix de revient. L'a-t-il fait ? Il est inutile de répondre à cette question, et l'on ne sait que trop les chutes de cours qui se produisent d'une année sur l'autre.

Nous nous posons avec angoisse cette question : L'agriculteur qui s'est couvert sur ses engrais et semences, qui a prévu sa surface à emblaver en blé, qui l'a cultivée et ensemencée en prévision de vendre son blé au même cours qu'à l'époque où il fait cette culture, c'est à dire il y a 18 mois, 240 francs, et qui au moment de la récolte n'en peut trouver que 160 francs, cet agriculteur gagne-t-il de l'argent ?

Il n'est pas en perte, quand, comme à Brocourt le rendement dépasse 30 quintaux. Mais c'est le cas de combien de régions de France ? Il nous suffit de jeter un regard sur la statistique de rendement du Ministère de l'Agriculture pour nous demander comment nombre de paysans de régions pauvres joignent les deux bouts. C'est que bien souvent, dans ces régions, l'agriculture est éminemment une industrie familiale, et que le paysan compte pour rien son travail et celui de sa famille. Le peu d'argent qui lui revient de sa culture à la fin de l'année, n'est non plus un bénéfice, mais un simple salaire, ce qui est injuste, car ce paysan est à la fois ouvrier et patron, il devrait donc recevoir et un salaire et la rémunération des capitaux qu'il a engagés. Il est donc en perte.

Dans certaines de ces régions, par exemple dans le Gers, les Agriculteurs ont cherché à se soustraire à la servitude des cours, en fondant des meuneries coopératives.

Nous prétendons qu'il est inutile d'être en perte pour essayer de secouer le joug (car c'est un véritable joug que l'obligation de vendre à un prix donné un produit dont on ne peut baisser le prix de revient), il suffit de ne pas obtenir un bénéfice suffisant. Nous suivrons l'exemple des Agriculteurs de Condom dans le Gers, et essayerons de fonder une meunerie coopérative.

Nous ne nous illusionnons pas sur les difficultés de notre tâche. Plus encore que l'industrie sucrière, la meunerie est entre les mains de quelques gros potentats qui y font la loi. Nous n'en voulons comme preuve que la lutte qui se poursuivit il y a un an entre les Grands Moulins de Paris qui écrasent plus de 20.000 quintaux par jour, alliés aux Grands Moulins de Corbeil, aussi importants, et les petits moulins régionaux, de 50 à 100 quintaux, ceux de la Somme notamment, qui se refusaient à commettre le délit de coalition pour baisser le cours d'achat du blé tout en maintenant le cours de vente des farines. Il est évident que si ces grands moulins n'ont pas hésité à entamer la lutte contre de petits concurrents qui ne pouvaient leur causer que peu de tort, et dans un faible rayon donné, ils attaqueront, et sans merci, une meunerie coopérative dès son apparition, car ils savent que chaque coopérative qui réussit crée un précédent, forge un exemple, prépare de nouvelles coopératives dans les pays limitrophes qui ont pu juger des résultats, et que partout où nait la coopérative agricole, meurt l'industrie vivant de l'agriculture.

Néanmoins, nous ne pensons pas rencontrer à Brocourt des difficultés excessives. En effet, si l'action des moulins industriels peut être très néfaste parmi les membres d'une coopérative lorsque celle-ci réunit un grand nombre d'adhérents, elle est rendue très difficile, et il est quasi impossible de détacher un coopérateur, lorsque la coopérative ne groupe que quelques gros fermiers, comme c'est le cas ici. En outre, il n'existe pas dans les environs de moulins très importants. Ceux de Saint-Quentin écrasent 200 quintaux, et notre petite meunerie ne pourra pas les gêner dans leurs approvisionnements. La principale difficulté que nous éprouverons, sera pour la vente de la farine, n'ayant qu'une petite quantité à mettre sur le marché, et pour tout dire, n'étant pas du métier, nous ne connaissons que mal les mille et un dessous de cette véritable bourse.

C'est pourquoi nous avons pensé adjoindre à notre meunerie, une boulangerie coopérative.

Ne nous récrions pas à l'avance, nous n'avons pas les vues trop grandes. A Omissy, il n'y a pas de boulanger ayant pignon sur rue ; il ne passe tous les jours qu'une camionnette dépendant d'une boulangerie de Saint-Quentin. Un semblable mode de vente ne peut être que passager, alors que notre organisation présente un caractère stable. Nous ne venons pas concurrencer un commerçant du pays, nous établissons un commerce n'y existant pas. Nous innovons.

En outre, le village d'Omissy n'a pas encore atteint la moitié de son effectif d'avant-guerre, ses besoins en main-d'œuvre sont demeurés constants, de jour en jour les anciens ou de nouveaux habitants reviennent, créant de nouveaux besoins, ouvrant de nouveaux débouchés.

Si notre coopérative est sérieusement établie et menée, en fin d'exercice les coopérateurs doivent obtenir un excédent de gain correspondant au bénéfice des meuniers, boulangers et intermédiaires qu'ils remplacent.

Cet excédent leur permet de se placer vis-à-vis de la clientèle et de vendre moins cher que ne le ferait un boulanger ordinaire. Donc, si par hasard il venait à l'esprit d'un des boulangers de Saint-Quentin l'idée de nous concurrencer à Omissy, nous sommes sûrs d'en triompher, car nous pouvons toujours vendre en dessous de lui, puisque son prix de revient nous laisse en bénéfice.

Nous n'envisageons ce cas que théoriquement, puisque notre but n'est pas de couler un concurrent, mais bien de nous faire une petite place au soleil pour le plus grand bien de tous, consommateur y compris.

Quelle importance devons-nous donner à notre coopérative boulangerie ?

L'idéal serait évidemment qu'elle absorbe la totalité de la production de la meunerie. Malheureusement la question débouchés nous arrête... Il nous semble imprudent de prévoir dans notre projet la vente dans plusieurs villages. Celui d'Omissy nous parait suffisant, et même, au début, ne produirons-nous qu'une partie de sa consommation. Le solde sera fourni par le boulanger ambulant actuel. Suivant la conduite de ce dernier, et tout nous porte à croire qu'il ira chercher ailleurs de nouveaux débouchés, nous verrons à étendre notre clientèle, et si dans l'avenir notre coopérative marche assez bien pour s'agrandir, pourrons-nous envisager de créer des succursales dans les villages voisins.

Donc, pour l'instant, notre coopérative se compose avant tout d'une meunerie, et ensuite seulement, d'une boulangerie. La vente de la farine doit faire rentrer plus d'argent dans les caisses que la vente du pain. Mais dans l'avenir, toute modification de notre coopérative doit tendre à faire prendre plus d'importance à la boulangerie, et diminuer le plus possible le chiffre des ventes de farine au bénéfice du chiffre des ventes du pain.

Organisation financière

Comme en toute entreprise en ce bas monde, la question argent est à la base de notre coopérative. Calculons le capital nécessaire à son établissement :

(Les chiffres qui sont donnés seront justifiés plus loin).

Bâtiment meunerie	140.000 frs
Matériel meunerie	130.000 »
Bâtiment boulangerie	110.000 »
Matériel boulangerie	45.000 »
Moteurs	5.600 »
Maisons ouvrières	40.000 »
Divers et fonds de roulement	75.000 »
	545.600 frs

M. Ennuyer apporte 75 hectares de blé ; dans les environs immédiats, nous avons un coopérateur en apportant 100 hectares, 4 autres 50 hectares, soit en tout 360 hectares rendant l'un dans l'autre 9.000 quintaux, ce qui donne au moulin, en comptant 300 jours de travail, une puissance d'écrasement de 30 quintaux par jour.

Il n'y aura donc que 6 coopérateurs, 8 au grand maximum si nous avons des défections chez les gros propriétaires. Ces coopérateurs sont de gros agriculteurs dont l'exploitation comprend de 200 à 400 hectares, donc ayant des capitaux. Ceci est un grand avantage. En effet dans les coopératives où les adhérents sont en grand nombre, la comptabilité est difficile à tenir, il est difficile de faire souscrire un nombre suffisant de parts à un petit fermier ayant peu d'argent devant lui. On est alors obligé de faire appel aux subventions d'Etat, de lui emprunter de l'argent, et de faire un appel de fonds à l'épargne privée. Bref, on constitue une véritable société anonyme à capital variable.

Cette Société est-elle vraiment une coopérative, et comme telle doit-elle être éxonérée des impôts industriels et commerciaux ? Nous n'osons trop approfondir la question sur un sol aussi mouvant. Certes, dans le cas où la coopérative achète le blé à ses adhérents et leur ristourne en fin d'année l'excédent des recettes, il ne nous semble pas injuste d'être soumis à l'impôt ; car qu'est-ce alors sinon une Société industrielle achetant ses matières premières et distribuant en fin d'année ses bénéfices à ses actionnaires. Les mots changent : dividende devient ristourne, actionnaire devient coopérateur, mais les faits restent les mêmes.

Au contraire, si la coopérative ne paie pas le blé qu'elle transforme, si elle distribue d'un bloc en fin d'année ses recettes, elle ne peut sous aucun prétexte être considérée comme société industrielle car les coopérateurs sont exactement dans la situation d'un éleveur qui transforme ses grains en viande en les faisant absorber par son bétail. Mais, dira-t-on, le bétail appartient en propre à l'éleveur. C'est entendu, et c'est pour celà que nous voulons que le capital nécessaire à notre coopérative soit souscrit en majeure partie par les adhérents, et que l'excédent soit prêté par l'Etat, prêt au plus court terme possible. De cette façon, nous sommes véritablement propriétaires de la coopérative, nous ne sommes pas taxables, à moins que l'on ne taxe tout produit qui n'est pas vendu dans son état initial.

Néanmoins, d'aucuns diront, et ils n'ont pas tout à fait tort, qu'il est illogique que la coopérative fasse gagner à ses adhérents : et le bénéfice des industries qu'elle remplace et les impôts que ces industries payaient à l'Etat. Ces impôts appartiennent à la collectivité et ne doivent pas devenir la propriété d'un nombre restreint d'individus : les coopérateurs. Nous partageons leur façon de voir, et c'est pourquoi notre coopérative, comme du reste presque toutes les coopératives vendra moins cher qu'un commerçant ordinaire. Pour la boulangerie, le pain étant taxé, nous diminuerons réellement son prix en vendant non à la pièce, mais au poids. Nous laisserons donc la valeur des impôts qu'elle ne paie pas entre les mains des consommateurs, où l'Etat saura bien vite se l'adjuger sous une forme ou une autre.

Ceci étant établi, voyons de quelle façon le capital sera constitué.

Nous ne sommes pas partisans de l'émission de parts ayant une valeur donnée, chacun en achetant selon son désir. En effet ces parts sont de véritables actions, que l'on achète et que l'on revend, qui rapportent un intérêt et dont le total ne représente pas un capital en rapport avec ce que leur propriétaire apporte de blé à la coopérative. Nous estimons de beaucoup préférable le système consistant à diviser le capital à souscrire par le nombre d'hectares total, on arrive ainsi à une somme fixe par hectare, et chacun souscrit selon le nombre d'hectares qu'il apporte.

Nous pensons fixer cette souscription à 1.000 francs de l'hectare, ce qui n'a rien d'excessif si l'on considère la valeur locative et foncière du sol dans la région, et les énormes avances de fonds couramment consenties à leur terre par les agriculteurs, sous forme d'engrais, de semences ou de façons culturales. Les coopérateurs amènent donc 360.000 francs. Le solde, soit 185.000 francs sera emprunté à l'Office national du Crédit Agricole. Emprunt à long ou à court terme ? A notre avis, le prêt à court terme est préférable, et nous attacherons-nous à rembourser l'Office le plus tôt possible, quitte à nous priver d'une grande partie du bénéfice les premières années. Nous nous débarasserons ainsi de la sujettion du remboursement des avances que certaines coopératives trainent comme un boulet pendant 15 ou 20 ans parfois.

La somme à rembourser annuellement sera fixée en fin d'exercice par l'assemblée des coopérateurs, suivant les bénéfices réalisés ; sans être supérieure à 50 % de ceux-ci par exemple. Pendant les années de remboursement, on ne comptera pas l'amortissement ni l'entretien du matériel, celui-ci étant neuf peut aisément le supporter, et nous équilibrerons ainsi notre comptabilité.

Dans beaucoup de coopératives, la répartition du chiffre des ventes, déduction faite des frais d'exploitation, se fait dans cet ordre : réserve légale (5 %), achat au cours officiel des marchandises transformées, intérêt des avances faites par l'Office, intérêt de l'argent souscrit par les coopérateurs, réserve extraordinaire (dans laquelle sont compris les remboursements à l'Office), et enfin s'il y a lieu, ristourne aux coopérateurs. Il nous semble que ce mode de répartition, pourtant très répandu est erronné, car il se rapproche trop du mode de répartition des Sociétés anonymes. En effet qu'est-ce que l'intérêt fixe, joint à la ristourne variable versés aux coopérateurs, sinon un dividende distribué à des actionnaires. Nous prétendons que cet intérêt fixe, de 6 % donné au coopérateur est contraire à l'esprit même de la coopérative : un coopérateur est véritablement propriétaire de la coopérative dans la proportion du capital qu'il y a engagé. Il est donc illogique

que ce coopérateur se verse à lui-même un intérêt pour un capital lui appartenant, car il serait alors son propre débiteur et son propre créancier.

Dans le même ordre d'idée, il est illogique que la coopérative paie les marchandises qu'on lui apporte, car chaque membre est alors son propre vendeur et son propre acheteur. Cette vente ne doit être qu'un simple jeu d'écritures et la coopérative ne doit pas « payer » ces marchandises, sinon elle fait acte de commerce qui l'assimile aux maisons devant les impôts industriels et commerciaux et la taxe de 2 %.

La question de la réserve est des plus délicate. On l'a constituée dans le but sage de prévoir sur les bénéfices d'une bonne année, le déficit que peut entraîner une mauvaise. Dans le principe, c'est excellent, et pourtant...

La réserve ainsi constituée grossie ; devant couvrir des pertes, elle est calculée plus forte que celles-ci, et comme les pertes sont « l'anormal » dans une société bien organisée, elle ne peut aller qu'en s'accroissant. Nous arrivons donc à cette conclusion ridicule d'une coopérative possédant des biens, d'une coopérative ayant à elle, en propre, de l'argent liquide. Ceci est évidemment absurde, une coopérative ne doit rien posséder, son matériel, son fond de roulement, ses batiments appartenant en propre aux coopérateurs. Si chacun d'eux vient soudain retirer ce qu'il y avait apporté, elle ne doit plus exister. Evidemment, si cela étant il reste encore une réserve, une masse d'argent qui n'appartient pas aux adhérents, c'est qu'elle appartient à la coopérative, qui de ce fait perd son nom.

Afin de rester strictement dans le cadre de la coopérative de production, et de ce fait, n'avoir aucune difficulté avec le fisc qui devient de plus en plus intransigeant, nous adopterons cette répartition qui nous semble plus simple et plus logique. Comme nous l'avons dit au début nous devons tendre à rembourser le plus vite possible les avances qui nous ont été consenties. Débarassés de ce côté, nous répartirons le produit de nos ventes, déduction faite de tous nos frais d'exploitation, salaires, etc..., en divisant intégralement l'excédent sur le précédent exercice par le nombre de quintaux de blé apportés au moulin, chaque adhérent touchant selon le nombre de quintaux qu'il a fourni, De cette façon, nous plaçons chaque coopérateur dans la situation d'un agriculteur ayant exclusivement à lui un moulin et une boulangerie. On ne pourra refuser le nom de coopérative à notre groupement puisqu'en fin d'exercice, après la répartition, il ne restera plus que le capital initial, qui appartient en propre aux coopérateurs. Dans ce capital, nous prévoyons des frais de première exploitation, qui après la première année seraient mués en fond de roulement assez important pour parer aux mauvaises années. Comme avant toute répartition, on commence par reformer le capital initial, tout déficit à ce fond de roulement serait automatiquement comblé, et avec un capital immuable, nous pourrions aller sans réserve.

Malheureusement, la loi est ainsi faite que la réserve de 5 % est obligatoire. Nous la prélèverons donc en premier lieu sur nos bénéfices, malgré ce que nous avons dit, malgré que nous trouvions ce fait absurde.

Comme les adhérents ne pourront pas attendre jusqu'à la fin de l'année pour rentrer dans leurs fonds, on peut prévoir que l'assemblée annuelle fixera le taux des acomptes.

Si dans l'avenir on réalise une extension de la coopérative boulangerie, ce ne pourra être sur un capital issu de la coopérative actuelle, qui, ne possédant rien ne peut s'accroître. Ce ne pourra être que sur l'adjonction d'une nouvelle coopérative créée sur un nouvel appel de fonds et basée sur les mêmes principes.

Organisation technique

MOULIN

Le village d'Omissy ayant été complètement rasé par la guerre, nous ne pouvons utiliser aucun bâtiment pré-existant, aussi bien pour la minoterie que pour la boulangerie. Il nous les faut créer de toutes pièces. Notre bati-ment sera placé à l'entrée du village pour diverses raisons : valeur du sol moindre, facilité d'extension, pos-sibilité d'y adjoindre la boulangerie et le magasin de vente.

En raison des oscillations qui se produisent dans un moulin, la majorité des appareils travaillant soit par va et vient, soit au choc, soit par rotation rapide, nous devrons descendre les fondations jusqu'au bon sol. Les terres ser-viront au remblaiement du rez-de-chaussée jusqu'à 1 mètre au-dessus du sol. Les fondations seront en béton ou béton armé selon l'état du sol.

Le bâtiment aura extérieurement 11 mètres de long sur 8 mètres de large et 12 mètres 50 de hauteur verticale des murs. Trois étages et un rez-de-chaussée ; pour tous, plan-cher en béton armé et soubassement en ciment au pourtour des murs intérieurs.

Dans le remblai du rez-de-chaussée sera prévue une trémie de déchargement à blé sale, maçonnée intérieure-ment, en face de laquelle une ouverture permettra aux tombereaux de se décharger à quai.

Perron d'accès en béton armé, murs en briques, char-pente en sapin, couverture d'ardoises. L'entrepreneur aura latitude de prévoir si bon lui semble une structure générale en ciment armé : poteaux, poutres et planchers, toutefois aucun mur ne devra avoir moins de 0 m. 35 d'épaisseur.

14

Ainsi construit, ce bâtiment nous reviendra à 140.000 fr. environ.

Notre intention n'est pas de nous appesantir sur ce paragraphe, et de le transformer en un cours de technologie. Il nous faut néanmoins décrire le mobilier du moulin. Pour ce faire, nous ne suivrons pas son installation par étage, car elle n'a été prévue sous ce jour que du point de vue de l'encombrement des appareils et de la réduction de la manutention du grain. Nous citerons les appareils dans leur ordre d'utilisation logique, en suivant le diagramme du moulin.

Afin de nous éviter de grands frais, nous avons supprimé les silos à blé sale. Nous pouvons prévoir au rez-de-chaussée une réserve d'une centaine de quintaux en cas où les coopérateurs ne pourraient assurer la livraison du blé pendant quelques jours, mais en principe le blé est amené au fur et à mesure des besoins par les coopérateurs, dans un ordre immuable fixé par l'Assemblée annuelle.

Les sacs sont déchargés à quai et vidés dans la trémie prévue dans le remblai du rez-de-chaussée, où un élévateur à godets emmène le blé dans le boisseau à blé sale qui tient les trois étages du moulin. Sous celui-ci, au premier étage, un distributeur à godets chargé de régler la vitesse d'admission du grain au nettoyage. Ce dernier est calculé de telle façon qu'il débite 3 quintaux à l'heure. Il suffit donc de dix heures pour préparer le grain nécessaire à la meunerie. Pendant 14 heures, on arrête la partie du moulin consacrée au nettoyage, d'où économie de force et de personnel.

Le grain est repris sous le distributeur par un élévateur qui le monte à la partie supérieure du moulin, au tarare émotteur. Viennent ensuite, placés en cascade : le trieur, l'appareil magnétique et la colonne émeri. Le blé ainsi nettoyé est remonté dans les boisseaux à blé propre par l'élévateur boisseau blé sale-tarare, qui est double. Tous les appareils du nettoyage marchent évidemment sous aspiration et sont reliés à la chambre à poussières au 3ᵉ étage.

Le blé propre est admis ensuite aux appareils de mouture, au premier étage, et de blutage, constitués par deux broyeurs doubles à cylindres, pour faire 4 passages de broyage. Entre chaque broyage, la mouture passe dans un plansichter situé au troisième étage, plansichter à 6 entrées et 10 tamis assurant 4 passages de broyage et 1 passage double de convertissage. Sous le plansichter se trouve un boisseau où s'emmagasine la boulange avant d'aller au convertisseur. Ce boisseau est relié par une trémie au convertisseur double du premier étage qui assure deux passages. Après le dernier passage, un détacheur ou accélérateur de mouture est intercalé avant le plansichter.

Les refus de ce dernier passent dans la brosse à sons. Les sons brossés sont emmenés par une vis d'archimède jusqu'à la chambre à sons, la farine récupérée est envoyée au plansichter.

La farine de broyage et de convertissage est envoyée dans une trémie qui, par l'intermédiaire d'un distributeur l'amène à une bluterie circulaire de sûreté. La farine est enfin reprise par une vis d'archimède et emmagasinée dans la chambre à farine.

Tous ces appareils marchent sous dépression assurée par un aspirateur refoulant la folle farine dans une chambre spéciale où elle est récupérée.

Au premier étage, sous les chambres à farine et à son, deux ensacheurs coniques avec trappe. L'espace y est libre, ce qui permet d'emmagasiner une certaine quantité de sacs. Une descente de sacs est prévue dans le mur.

La fourniture et la mise en place de tout ce matériel par les soins de la maison Teisset-Rose et Brault, nous reviendra à 130.000 francs.

BOULANGERIE

De même que le moulin, la boulangerie est à créer de toutes pièces ; voyons dans quel bâtiment nous la logerons. Pour la boulangerie elle-même, il nous suffit d'un emplacement de 11 mètres sur 5 m. 75, mais il faudrait adjoindre magasin de vente, maison ouvrière, etc... C'est pourquoi nous avons préféré allonger le bâtiment et tout réunir d'un seul tenant. Il se présente donc sous la forme suivante : longueur 18 mètres, largeur 5 m. 75, hauteur des murs 7 m. 50, du faitage au sol, 10 mètres. Les murs ont 0 m. 35 d'épaisseur. Le rez-de-chaussée est remblayé à 1 m. 50 de hauteur, pour faciliter la manutention et l'installation du four en contre-bas.

La boulangerie occupe une vaste pièce de 11 mètres sur 5 m. 15 ; elle est suivie d'une arrière-boutique formant cuisine, de 3 mètres de large sur 5 m. 15, séparée de la boulangerie et du magasin de vente par des cloisons de 11. Ce dernier, de 4 mètres sur 5 m. 15, en façade et comportant l'aménagement ordinaire.

Le premier étage se compose d'une chambre à farine, de 6 mètres sur 5 m. 15 suivie de 3 pièces de 3 m. 60 sur 4 m. 15 desservies par un couloir de 1 mètre de large. Deux de ces pièces sont réservées au ménage boulanger, la troisième servira de logement à l'un des ouvriers de la minoterie.

Afin de ne pas allonger outre mesure ce travail, lorsque nous projetions un nouveau bâtiment ou une transformation, nous en faisions simplement la description et donnions son prix global, sans justifier celui-ci. Nous pensons qu'il est bon, au moins une fois, de donner le détail du coût d'une construction, et en l'abrégeant le plus possible, nous allons présenter un devis estimatif du batiment de la boulangerie. Pour chaque opération, nous indiquerons simplement le cubage ou la longueur, le prix de l'unité et le prix qui en ressort.

a) *Terrasse.*

	Frs.
Fouilles en rigoles pour fondations, 47,925×8,35	424 14
Remblaiement de terre plein, 146,625×3,90...	571 84
Apport de terres supplémentaires, 98,400×14..	1.381 80
Fouilles en excavations pour les soles, 15,750×5	78 75

b) *Maçonnerie.*

Béton de cailloux et ciment pour fondations 47,925×211,50	10.136 14
Lit isolant au mortier de ciment, 26,63×12,85..	342 20
Maçonnerie de briques de four au mortier de chaux (ouvertures déduites) 132×190.......	25.000
Jointoiements au ciment, 403,79×5,70........	2.301 60
Appuis des baies en briques, 7,31×48.........	350 88
Jointoiements sur les appuis, 8,94×7.........	62 58
Dallage du sol du rez-de-chaussée (compris légère armature) 85,75×70..................	6,002 50
Soubassements intérieurs au ciment, 100×17..	1.700
Façons de gorges, 100×1,50.................	150
Soubassements extérieurs au ciment, 54,45×17,85	971 93
Calfeutrement de sablières en briques, 4,76×19,50	92 82
Trous, scellements des baies, etc...........	1.500
Cloisons en briques de 11, 82,01×20.........	1.640 20
Plancher haut du rez-de-chaussée en ciment armé, surcharge variable, 18,225×950.......	17.313 75
Chape bouchardée sur ce plancher, 57,50×14,50	833 74
Carrelage céramique, 43,13%58.............	2.501 54
Seuils en béton de gravillon et ciment........	200

c) *Plâtrerie.*

Enduit en plâtre sur murs chambre à farine
  et appartement, plafond platre sur bati,
  95,98×28,75 .... 2.759 43

d) *Charpente.*

3 fermes, 6,680×650......................... 4.342
Façon et pose bois assemblé, 6,680×127,60.... 852 37
Avancée et dessous de toit en sapin, 30×28.... 840
Escalier de bois, marches en chêne, 0,041 ; con-
  tremarches en sapin, 0,018 :
20 marches à 82............................. 1.640
Planches de rives en sapin brut.............. 75
Faux plancher en demi bastaings au-dessus du
  plafond, 43,13×12 .... 517 56

e) *Couverture.*

Couverture ardoises d'Angers, 171×48,60..... 8.310 60
Gouttières zinc, 38×13,60.................... 509 20
Faitage zinc, 19×12,80...................... 243 20
Tuyaux de descente et divers................ 675 20

f) *Menuiserie.*

Croisées en chêne dormant, chassis, quincail-
  lerie et vitrerie, 13×280.................... 3.640
Portes extérieures chêne et quincaillerie,
  4×350 .... 1.400
Portes intérieures, 7×250................... 1.750
Habillage pièces habitation, 5×200........... 1.000

g) *Peinture et vitrerie*..................... 2.500

h) Départ cheminée en briques réfractaires, 35×85.............................. 2.975
Souche hors comble, 10×40................. 400

110.686 fr.

Ce n'est pas tout que de construire des bâtiments, encore faut-il savoir le matériel à mettre dedans. Il est certain que si notre production de pain doit rester stationnaire à 600 kilos par jour, nous devons monter notre boulangerie de la façon la plus simple qui soit, et même diminuer en certains points le bâtiment décrit. En effet cette quantité n'est pas assez forte pour amortir une installation perfectionnée. Mais que l'on veuille bien se reporter à la tête de ce chapitre, nous y disons ceci : Dans l'avenir toute transformation apportée à la coopérative doit tendre à donner plus d'extension à la boulangerie. Actuellement nous avons à Omissy le débouché certain pour 600 kilos, mais on ne peut pas monter une affaire uniquement sur des donnés certaines, sur une base donnée, car on s'expose à ce que les événements dépassent les prévisions et que l'on ne soit plus en mesure de suivre la marche en avant de sa maison. Ce qui est vexant ! Il est donc toujours bon de laisser une certaine marge au-delà des certitudes.

Nous sommes d'autre part limités par la question main-d'œuvre. Si dans une grande ville on trouve autant d'ouvriers boulangers que l'on veut, il n'en est pas de même dans un village comme Omissy, où l'on doit tout faire pour réduire autant que faire se peut la main-d'œuvre, et en simplifiant son travail, l'attacher à la maison.

Une boulangerie ordinaire ne remplit aucune de ces conditions : le travail y est pénible, long, tout se faisant à la main, et d'autre part elle est créée pour produire une quantité de pain donnée, quantité qui est limite car elle ne peut pas accroître sa production. Pour ces diverses raisons, nous nous sommes décidés d'employer un matériel moderne, coûteux certes, mais très solide et très pratique. Le mobilier de notre boulangerie comprendra donc en suivant l'ordre de l'emploi des appareils dans la fabrication du pain : un tamiseur à farine à tamis trembleur mû par embrayage à friction. La machine est disposée pour être fixée dans le plancher du premier étage de telle façon que le bord supérieur se trouve à environ 450 $^m/_m$ au-dessus du sol pour permettre de basculer directement les sacs de farine dans la trémie de déchargement. La partie inférieure de ce tamiseur comporte un entonnoir en tôle étamée, formant réserve de farine et évitant le tamisage à chaque pétrissée : cet entonnoir est terminé par une descente constituée par un tuyau cylindrique à l'extrémité duquel est fixé le clapet permettant de régler le débit de la farine directement dans la cuve du pétrin mécanique. Débit : 1.500 kilos à l'heure.

La question du pétrin est très importante, car de son choix dépend en grande partie la qualité du pain. Une partie de la fourniture venant de la maison Savy-Jeanjean, nous avions tout d'abord pensé à leur pétrin Viennara. Celui-ci est en deux parties : la cuve mobile, qui pendant le pétrissage tourne sur elle-même, et l'organe travaillant formé essentiellement d'un bras en acier terminé par un croisillon transversal. Ce bras est animé d'un mouvement tel, qu'effleurant lentement le fond et le bord de la cuve, il remonte à grande vitesse, puis revient prendre sa position première. Nous lui reprochons d'être à bras unique, et de travailler un peu à la façon d'une pioche. Nous lui préférons de beaucoup le pétrin Artofex, type auquel nous nous arrêtons. Le système est en deux parties, comme le Viennara, la cuve mobile tourne sur elle-même grâce à une couronne dentée fixée à son pourtour et qui engrenne sur un pignon moteur. Le système pétrisseur par contre est

totalement différent : il est formé de deux bras d'acier
supportant : l'un une vaste fourche à deux dents recour-
bées de bas en haut, l'autre une sorte de cuiller munie
d'une dent relevée à sa partie antérieure, cette cuiller peut
passer entre les dents de la fourche que porte l'autre bras.
Le bras à cuiller est muni d'une crémaillère permettant de
l'allonger ou de le raccourcir, même en marche, à l'aide
d'une vis. Les bras sont reliés à deux manivelles animées
d'un mouvement circulaire de sens inverse et au-delà de
cette manivelle ils se joignent en une articulation, si bien
que le mouvement circulaire est transformé en un double
mouvement elliptique : les deux bras partent d'un bord
opposé de la cuve, et se croisent en son milieu, se relèvent
et s'éloignent, de telle façon que la pâte est pressée puis
étirée et soufflée rigoureusement comme par les bras de
l'homme. Une pétrissée dure environ 7 minutes. Le pétrin
est prévu avec une cuve supplémentaire.

Nous avons ensuite un réservoir doseur pour mélanger
et mesurer l'eau froide et l'eau chaude nécessaires à ce
pétrissage. Construit en tôle d'acier d'une contenance de
100 litres, avec niveau d'eau, échelle graduée, curseurs,
thermomètre et autres accessoires, robinet universel pour
la distribution.

Le four est le cœur d'une boulangerie et il convient d'apporter tout notre soin à son choix. Pour fixer celui-ci, rappelons succintement à quelles conditions il devra répondre:
actuellement nous envisageons une production de 600 kg.
par jour, mais celle-ci doit s'accroître jusqu'à atteindre le
maximum de ce que la région peut économiquement absorber, soit sensiblement 1.500 kilos. Le même four doit
pouvoir nous servir aux meilleures conditions économiques, aussi bien avec une production de 600 kilos qu'avec
une de 1.500.

Cette condition exclut le four ordinaire, car dans celui-
ci on doit d'abord chauffer le four, puis le nettoyer, le

laisser reposer pour assurer une chaleur homogène, et alors seulement enfourner, si bien que pendant un temps donné de marche, un tiers seulement sert à la cuisson de la fournée. Il en résulte que le nombre de ces dernières est restreint, car en raison des prix de la main-d'œuvre, on ne peut en faire économiquement un grand nombre. Une huitaine de fournées semble un maximum. Pour arriver à de grandes productions, il faut donc augmenter la surface des soles, ce qui accroit d'autant le prix de la construction, et en restreignant dans les petites productions le nombre des fournées, augmente le prix de revient de chacune, car ce qui coûte cher, c'est la mise en route du four, la première chauffe qui dure plus longtemps et qui n'est amortie que sur 3 ou 4 fournées alors qu'elle devrait l'être sur 7 ou 8.

Nous avons alors pensé au four à vapeur, en nous adressant à la maison Savy-Jeanjean qui nous a adressé un devis de four Viennara. Ce système est remarquable ; le chauffage est assuré par une chaudière de 380 litres, chauffée par un foyer au charbon. Dans la chaudière aboutissent les extrémités de tubes d'acier Perkins, qui passent ensuite dans les chambres de cuisson. Ce four est à deux étages, les deux soles superposées ont une surface totale de 9 mètres carrés. Le grand avantage est qu'il est à marche rigoureusement continue : une fois la chaudière sous pression, on défourne une chambre pendant qu'on enfourne dans l'autre. Comme la durée de cuisson est la même que dans un four ordinaire, il en résulte qu'avec la même main-d'œuvre on peut faire trois fois plus de fournées. Pratiquement parlant, le four marche aussi bien pour 6 fournées que pour 15, mais il en est malheureusement autrement au point de vue économique. En effet la construction d'un tel four revient très cher : 45.000 francs, et il n'est amortissable que si le nombre des fournées atteint au moins 15 par jour. Il ne nous est donc pas possible de l'adopter, car son emploi ne sera intéressant que lorsque notre boulangerie aura atteint son plein rendement, si jamais elle l'atteint.

Ni le four à vapeur, ni le four ordinaire ne convenant, nous avons cherché une solution batarde, c'est à dire un four de prix moyen et se chauffant suffisamment rapidement pour que le nombre de fournées puisse atteindre 15. Mode de chauffage plus rapide que le bois, mais plus économique que la vapeur qui revient à 13 francs par fournée. Nous avons trouvé cet oiseau rare en un four au mazout.

Le four lui-même ne diffère en rien du four ordinaire à chauffage direct. Nous donnerons au nôtre une surface utile de 9 mètres carrés en une seule chambre de cuisson. La sole sera fortement inclinée de l'arrière vers l'avant de telle façon que l'air chaud s'emmagasine dans le fond du four, toujours plus difficile à chauffer. Le four sera construit en matériaux réfractaires de grande épaisseur pour éviter toute perte de chaleur. Dans le corps de la maçonnerie sera disposé un appareil à buée qui devra projeter véritablement de la buée dans le four, et non pas un jet d'eau comme le font beaucoup d'appareils à bon marché, au grand préjudices des carreaux tapissant la sole. Les réparations à celle-ci revenant toujours très cher, il est préférable de faire une mise de fonds plus considérable et ne pas avoir de réparations. La porte sera à glissière et contrepoids, à son côté, un regard avec lampe électrique.

L'appareil de chauffage est tout à fait particulier, et se rapproche beaucoup de la « mitrailleuse » du chauffage au gaz. Le mazout est entreposé dans une citerne ; nous donnerons à cette dernière une contenance de 3.000 litres, de façon à recevoir le combustible par camions entiers. Aspiré par une pompe, il est refoulé dans un réservoir sous pression disposé à côté du four. De ce réservoir part un tube aboutissant à la mitrailleuse. Cette dernière est formée de 3 tubes articulés montés sur pivot, de façon que l'extrémité étant introduite dans la bouche du four, on puisse diriger la flamme dans toutes les directions. Le mazout venant du réservoir sous pression passe presque à l'extrémité de la mitrailleuse par un tube fin, sorte de gicleur. A la sortie de ce tube il reçoit le choc d'un violent courant d'air provenant d'un puissant ventilateur qui le projette sous forme de très fines gouttelettes jusqu'à une distance de 1 mètre environ. Le mazout ne s'enflamme qu'à la sortie de la mitrailleuse.

Deux robinets, l'un sur la tuyauterie d'air, l'autre sur celle du combustible règlent le débit et la force de la flamme.

Ce mode de chauffage est le plus économique de tous. La fournée ne revient qu'à 5 francs, la première, avec la mise en route ; 10 à 12 francs. En outre il a l'avantage d'être très rapide : un quart d'heure à 20 minutes de chauffe pour la première fournée, 10 minutes pour les suivantes. Comme il est inutile de nettoyer le four avant d'enfourner, on voit que ce même four pourra nous servir quelle que soit la quantité de pain produite.

Toujours dans le but de simplifier la manutention, la fourniture comprend une machine à battre les sacs. La farine récupérée est recueillie dans un tiroir. Citons encore une brosse rotative à pannetons.

Le four nous coûtera 15.000 francs et l'appareil de chauffage 7.000. Le pétrin Artofex et une cuve mobile : 13.000 francs, le reste de la fourniture nous revenant à 10.000 fr., nous devrons donc dépenser 45.000 francs pour l'installation complète de la boulangerie, soit une économie de 25.000 francs sur la même fourniture mais avec four à vapeur. Le prix de construction de la citerne équilibrera le remblaiement du rez-de-chaussée qu'il n'est plus nécessaire de faire sans four à vapeur.

Force motrice

Nous avions dans notre projet initial l'intention d'accoter la boulangerie à la minoterie et d'avoir pour les deux, une force motrice commune, figurée par un moteur à gaz pauvre. L'avantage était de pouvoir nous passer de l'électricité qui est d'un prix de revient élevé à Brocourt. Mais, ce projet fut rendu irréalisable par le surcroît de primes d'assurances qu'il aurait occasionné et qui surpassait de beaucoup l'économie réalisée. Il nous faut donc deux forces motrices distinctes, et dans ces conditions, il est préférable d'avoir recours aux moteurs électriques, moins chers d'achat.

Pour le moulin, nous devrons avoir un moteur de 9 CV. Pendant 10 heures, il marchera à plein rendement et pendant 14 heures, 6 CV seulement seront employés, le nettoyage étant arrêté, comme nous l'avons vu.

Pour la boulangerie, 3 CV nous souffisent pour actionner le pétrin, le tamiseur et la machine à battre les sacs. Comme ces divers appareils ne marchent pas pendant une égalité de temps, il nous semble plus intéressant, plutôt que d'avoir un moteur de 3 CV fonctionnant à mi-rendement, de monter 2 moteurs de 2 CV : l'un pour le pétrin, l'autre pour le tamiseur et la machine à battre les sacs, qui ne marcheront que quand besoin sera, et toujours à plein rendement. Nous éviterons de plus l'installation d'une transmission, qui renvoyant d'un étage à l'autre, reviendrait assez cher.

Le moteur de 9 CV type cuirassé valant 4.000 francs et chaque moteur de 2 CV : 800 francs, notre force motrice nous reviendra à 5.000 francs.

Main-d'œuvre

Nous ne pourrons évidemment recruter tout le personnel qui nous est nécessaire à Omissy, il est même peu probable que nous puissions y trouver des ouvriers spécialisés ; mais nous sommes sûrs d'en avoir un nombre suffisant à Saint-Quentin, et comme nous les paierons au tarif en vigueur dans leurs industries, il n'y aura aucune raison pour que nous soyons plus défavorisés que les autres meuniers ou boulangers dans cette matière.

Dans le moulin, il suffit d'un homme pour assurer la marche ou plutôt la surveillance des appareils. Nous avons vu du reste que nous avons toujours cherché à simplifier autant que faire se pouvait le travail des hommes. Comme la marche est continue, il faut donc 3 hommes pour assurer le roulement. Ils seront payés 750 francs par mois. L'un d'eux, qui devra mieux connaître son métier recevra 850 francs.

Pour les expéditions de farine et les grosses manutentions, un charretier payé 600 francs par mois.

Dans la boulangerie, pour une production de 600 kilos de pain par jour, un homme est insuffisant, mais deux hommes sont de trop, aussi prendrons-nous un ménage, la femme gardant la boutique et aidant son mari aux menues besognes. Leur salaire sera de 1.500 francs par mois, avec comme avantages : le logement et le pain à discrétion. Dans l'avenir, si notre boulangerie se développe, nous prendrons 1 et 2 ouvriers supplémentaires.

Dans une affaire de cette faible importance la surveillance est aisée, il ne peut se présenter de cas graves, de « coups durs » pouvant entraîner de grosses pertes. Il faut néanmoins une tête, un chef responsable. Nous ne pouvons entretenir au poste de directeur un homme mûr qui demanderait un traitement trop élevé. C'est pourquoi nous pensons confier cet emploi à un jeune ingénieur qui, après sa sortie de l'Ecole de technologie aura déjà accompli des stages. Au bout de 2 ou 3 ans, lorsque l'expérience qu'il aura acquise l'autorisera à briguer un poste moins modeste, nous le remplacerons par un de ses jeunes collègues. Ses attributions porteront sur la surveillance intérieure, tout ce qui concerne la technique de l'entreprise, et la tenue d'une comptabilité. Il sera payé 1.000 francs net par mois.

Pour le logement des ouvriers, qui leur est donné gratuitement, le ménage boulanger et un des meuniers habiteront la boulangerie. Celui des autres dépendra de leur situation matrimoniale. S'ils sont mariés et pères de famille, celle-ci travaillant chez un des coopérateurs, ils seront logés dans une des maisons ouvrières dudit coopérateur. S'ils sont célibataires, on leur cèdera une chambre dans la maison ouvrière de la coopérative, où s'ils sont mariés sans enfants ou si ceux-ci travaillent à la coopérative, ils auront droit à un appartement dans cette maison ouvrière.

Les Farines

Nous sentons venir l'objection, la seule grosse objection que l'on puisse nous faire : la farine obtenue par l'écrasement des seuls blés de pays peut-elle donner un pain de bonne qualité.

Il est certain que c'est là un des gros obstacles à la bonne marche de notre boulangerie : il nous faut obtenir une farine de qualité égale à celle vendue par les moulins industriels. Or ceux-ci mélangent comme on le sait les blés indigènes et les blés exotiques pour obtenir une farine riche en gluten. Nous ne pouvons en faire autant puisque tout achat de blé nous est interdit sous peine d'être passifs de la taxe de 2 % sur le chiffre d'affaire. Il ne faut donc compter que sur nos propres ressources.

Nous sommes persuadés du reste que l'on peut obtenir d'excellent pain avec de la farine de pays : par exemple la meunerie boulangerie coopérative de Condom dans le Gers, marche depuis plus de cinq ans en accroissant tous les jours sa clientèle ; elle est pourtant dans les mêmes conditions que nous. Le problème est donc de savoir choisir les variétés de blé. Malheureusement, les variétés modernes à grand rendement ont une faible valeur boulangère et ce sont évidemment les plus cultivées dans la région de Saint-Quentin.

Dans un article paru au *Journal d'Agriculture Pratique*, le 24 septembre 1927, M. Brétignière, place en tête des blés au point de vue teneur en gluten : le Hâtif Inversable et le Bon Fermier ; il ajoute même que le pain obtenu avec de la farine de ces variétés était « remarquable ». Ceci est très intéressant pour nous, car le Hâtif Inversable est très cultivé dans la région de Saint-Quentin, à égalité avec le Vilmorin 23 qui lui, se place dans les derniers rangs au point de vue valeur boulangère. Notre coopérative comprenant fort peu de membres, il est facile de faire pression sur l'un ou l'autre afin qu'il cultive telle ou telle variété de blé. Il sera facile d'obtenir que le Hâtif Inversable couvre une bonne part des emblavements, mais il sera impossible actuellement du moins de faire diminuer les ensemencements en Vilmorin 23, car les rendements remarquables de ce blé l'ont fait adopter par tous les agriculteurs.

La farine que nous obtiendrons sera donc moyenne. Nous espérons qu'elle produira un bon pain. Si par hasard cela n'est pas, nous aurons recours à un expédient ; nous achèterons de la farine de blés exotiques que nous mélangerons avec la nôtre, *pour la quantité consommée par la boulangerie seulement,* l'excédent de notre fabrication étant vendu tel quel. Ceci est possible, le pain n'étant pas soumis à la taxe sur le chiffre d'affaires ; la boulangerie perd sa qualité de coopérative, mais en garde les avantages.

Néanmoins, cette solution ne peut être que provisoire, notre but n'étant pas d'acheter de la farine pour la boulangerie, mais bien de lui faire consommer le plus possible celle que nous produisons. La véritable solution pour nous sera la reprise de la culture du Bon Fermier, le meilleur blé au point de vue valeur boulangère. Cette « réabilitation » sera-t-elle difficile ? Nous ne le croyons pas. Tous les agriculteurs gardent au fond d'eux-mêmes une petite flamme de reconnaissance pour ce blé qui pendant 20 ans leur a assuré leurs meilleurs rendements, et s'ils ont abandonné à peu près complètement sa culture, c'est que la rouille et le piétin ont maintenant trop de prise sur leur favori. Mais aucun ne l'a abandonné sans espoir de retour, et nous pouvons affirmer qu'il aura de nouveau la première place si ses inconvénients disparaissent. Ils sont en train. On resélectionne cette variété, et sous peu, nous la verrons réapparaître avec les qualités qu'elle avait à son début (1).

Nous n'avons donc aucune inquiétude au sujet de la qualité de notre pain. Dès maintenant, en achetant une petite proportion de farine nous pouvons en produire d'excellent. Sous peu, grâce aux deux variétés Bon Fermier et Hâtif Inversable, notre farine sera l'égale de celle des minoteries industrielles.

Comptabilité

On ne peut mieux prouver un projet que par un compte même approximatif faisant état des finances de l'entre-

---

(1) On dit de plus le plus grand bien du nouveau blé Vilmorin 27, qui ajouterait aux rendements de l'Hybride 23 les qualités boulangères du Bon Fermier.

prise à ses débuts et une fois lancée. Nous allons présenter les comptes présumés de notre coopérative, en nous basant sur les données énoncées au paragraphe « Organisation financière », c'est-à-dire sans compter dans le passif l'intérêt du capital engagé, celui-ci passant d'un bloc dans la répartition avec les bénéfices.

Passif

Amortissement des bâtiments $\dfrac{290.000 \text{ fr.}}{20 \text{ ans}}$		14.500 fr.
Amortissement du matériel $\dfrac{180.000 \text{ fr.}}{15 \text{ ans}}$		12.000 fr.

Main-d'œuvre :

Directeur	1.000×12	12.000 fr.	
2 Meuniers	750×12×2	18.000 fr.	
1 Meunier	850×12	10.200 fr.	
1 Charretier	600×12	7.200 fr.	
Ménage boulanger	1.500×12	18.000 fr.	65.400 fr.

Force motrice (1,60 le kwatt)

Boulangerie	3.000 fr.	
Meunerie	80.550 fr.	83.550 fr.
Chauffage du four 6 fr.×6×365		13.150 fr.

Assurances :

Meunerie (275.000 à 10 %)	2.750 fr.	
Solde (200.000 à 5%)	1.000 fr.	
Accidents	3.000 fr.	6.750 fr.
Divers		24.650 fr.
		220.000 fr.

Actif

Vente du pain 2 fr. 20×600 kgs×365	481.800 fr.
Vente de la farine 215 fr.×5.017 quintaux	1.098.000 fr.
Vente des issues 75 fr.×2.250 quintaux	168.750 fr.
	1.748.500 fr.

Balance

1.750.000 fr. — 220.000 fr. = 1.530.000 fr.

Excédent procuré par la transformation du blé en farine et pain :

Prix du blé vendu en nature : 145×9.000 qx=1.305.000 fr.

Balance : 1.530.000 — 1.305.000 = 225.000 fr.

Toujours selon les directives données au début de cette étude, voyons quelle sera la répartition des bénéfices, tout d'abord en année normale, c'est-à-dire une fois que les avances consenties par l'Office seront remboursées, puis pendant le remboursement de ces avances (dans ce deuxième compte, l'amortissement des bâtiments et du matériel est exclu, comme nous l'avons dit).

1• *En année normale.*

Disponible	225.000 fr.
Réserve légale : 225.000 fr.×5 %	11.250 fr.
Reste à partager	213.750 fr.

Soit par hectare 213.750 fr.   593 fr.
$$\frac{213.750 \text{ fr.}}{360 \text{ ha.}} = 593 \text{ fr.}$$

Taux de l'intérêt du capital engagé 59 fr. 30 %

2° Pendant le remboursement des avances.

```
         Disponible                        251.500 fr.
Réserve légale  251.500×5 %       12.575 fr.
Intérêt à l'Office (variable)
         185.000×3 %               5.550 fr.
Remboursement des avances :
              185.000 fr.  61500 fr.   79.625 fr.
                         ─────────────
                         3 ans
                         Soit à distribuer    171.975 fr.
Soit par hectare    171.975 fr. = 477 fr.
                    ─────────────
                         360 ha.
```

Taux de l'intérêt du capital engagé : 47 fr. 70 %

Ces résultats montrent bien l'intérêt que présente pour les agriculteurs la faculté de se grouper. Malheureusement ils n'en usent pas assez. Si les coopératives du genre de la nôtre se multipliaient, on verrait promptement augmenter les emblavures de blé et diminuer le prix du pain malgré que le cultivateur retirerait plus de bénéfices de sa culture.

Comme tout compte fait avant réalisation, celui que nous venons de présenter est certainement faux. Néanmoins on peut y trouver un ordre de grandeur à peu près juste quant aux résultats. En effet, si notre passif s'avère trop faible, il ne faut pas oublier que nous n'avons compté dans notre actif qu'une production de blé de 25 quintaux par hectare, alors que la moyenne de la région est toujours supérieure à ce chiffre. La vente de la farine ou du pain provenant du blé fourni en sus de cette production sera presque tout bénéfice, car son traitement n'occasionnera comme frais qu'un supplément de force motrice.

De même, notre compte est établi avec la boulangerie à

son début. Les résultats changeront si elle dépasse la production de 600 kilos de pain par jour.

Simple remarque : le taux de l'intérêt versé au capital engagé ne représente pas le taux des bénéfices de la coopérative par rapport à son capital, mais bien celui par rapport à ce que chaque agriculteur a versé, seul taux intéressant le coopérateur, car il représente réellement ce que lui rapporte son argent,

CONCLUSION

Que pouvons-nous dire qui ne l'ait déjà été. Chaque chapitre a eu sa conclusion propre, et nous n'avons pas à y revenir. Mais il nous semble que notre tâche serait incomplète si nous ne présentions pas une conclusion générale, coordonnant toutes les conclusions particulières, et montrant que notre proposition du début a été bien suivie et prouvée.

Qu'avons-nous cherché dans cette longue étude ? D'abord et avant tout, accroître la productivité du domaine. Tous les chapitres gravitent autour de ce but. Mais nous nous sommes vite aperçus qu'on ne pouvait l'accroître que dans un seul sens, qu'il nous fallait une directive générale, une directive unique, et après discussion, nous nous sommes arrêtés à celle-ci : augmenter jusqu'au maximum le cheptel, comme étant la seule économiquement et pratiquement applicable à notre domaine.

Logiquement, cette proposition est devenue notre véritable sujet de thèse, et sa réalisation nous a entraînés à des considérations et des études multiples sur l'élevage, l'alimentation, le logement de ce cheptel et son action sur les cultures. Nous avons vu que sans changement sensible dans la surface des terres cultivées et sans modification sur les cultures d'exportation, nous avons pu doubler notre vacherie et créer un troupeau de moutons, tout en augmentant la cavalerie. Des terres peu productives ont été revalorisées par la création de prairies naturelles qui entretenant un bétail de choix, rapportent tous les ans un gros revenu.

Nous pouvons conclure notre travail par les termes mêmes qui en faisaient le sujet, ce qui prouve réellement notre thèse : « La production animale est essentiellement nécessaire au développement de la culture de la betterave et donc du blé, et détermine une meilleure coordination des travaux, assurant un revenu plus régulier aux capitaux engagés. »

TABLE DES MATIÈRES

PAGES

Introduction.

CHAPITRE I. — Situation Économique........ 11

CHAPITRE II. — Étude du Milieu Naturel.... 17

Première Partie : LES TERRES........ 17

§ 1ᵉʳ Le sous-sol. Son influence sur la culture et sur l'Hydrographie 18

§ 2ᵉ Étude géologique des limons et des terres........ 19

    a) Limon des Plateaux.................... 20

    b) Limon de lavage................ 23

    c) Terres blanches................ 25

    d) Alluvions de la Somme 25

Deuxième Partie : CLIMATOLOGIE........ 27

CHAPITRE III. — Systèmes de Culture et Assolement 29

§ 1ᵉʳ La culture pendant la guerre et la remise en état des terres 29

§ 2ᵉ Système de culture et assolement de la période actuelle de transition..................... 33

§ 3ᵉ Projet de système de culture et d'assolement...... 36

CHAPITRE IV. — Étude des Cultures........ 45

§ 1ᵉʳ Betterave Sucrière......................... 45

    a) Situation économique, débouchés et contrats.... 45

    b) Variétés.......................... 47

    c) Fumures 48

    d) Travail du sol..................... 49

    e) Semis et soins de végétation.............. 50

    f) Récoltes et rendements.................. 50

PAGES

§ 2° Betterave Demi-Sucrière........................... 51

§ 3° Pommes de Terre................................... 52

§ 4° Blé... 52

§ 5° Avoine.. 54

§ 6° Escourgeon.. 54

§ 7° Légumineuses...................................... 56

    a) Luzerne.. 56

    b) Trèfle violet................................. 60

    c) Minette....................................... 60

§ 8° Cultures dérobées................................. 61

CHAPITRE V. — Création d'Herbages 63

§ 1er Propriétés herbagères des limons et du climat.... 63

§ 2° Choix des pièces a convertir en herbages 73

§ 3° Préparation mécanique du sol...................... 74

§ 4° Fertilisation du sol.............................. 75

§ 5° Choix des espèces a semer 75

§ 6° Semis... 79

§ 7° Clotures et abris................................. 81

§ 8° Alimentation en eau............................... 82

§ 9° Fertilisation des herbages 82

§ 10° Entretien de l'herbage........................... 87

CHAPITRE VI. — Bétail.............. 89

I. LES CHEVAUX 89

§ 1er Choix d'un moteur... 89

§ 2° Reconstitution de la cavalerie et conduite des spéculations chevalines 92

§ 3° Élevage... 96

§ 4° Alimentation 109

II. LES BOVINS 116

§ 1er Spéculation et constitution du troupeau.......... 116

PAGES

§ 2° Élevage 119

§ 3° Alimentation 122

§ 4° Les Produits de la Vacherie 128

                  III. LES MOUTONS 130

§ 1er La question Ovine 130

§ 2° Constitution et conduite du troupeau 132

         CHAPITRE VII. — **Disponibilités Alimentaires** 141

         CHAPITRE VIII. — **Organisation Intérieure** 149

§ 1er Vacherie 151

§ 2° Écurie 166

§ 3° Hangars 171

§ 4° Cour 173

§ 5° Bergerie 174

§ 6° Force motrice 179

         CHAPITRE IX. — **Personnel** 181

         CHAPITRE X. — **Projets Généraux** 193

§ 1er La Question de la Chaux 193

§ 2° Projet de minoterie boulangerie coopérative 198

    a) Organisation financière 203

    b) Organisation technique 209

        a) Moulin 209

        b) Boulangerie 212

    c) Force motrice 221

    d) Main-d'œuvre 222

    e) Les farines 223

    f) Comptabilité 225

Conclusion 231

IMPRIMERIES RÉUNIES
DE SENLIS

www.ingramcontent.com/pod-product-compliance
Ingram Content Group UK Ltd.
Pitfield, Milton Keynes, MK11 3LW, UK
UKHW022330090726
13658UKWH00001B/188